MANUEL

DE

L'ÉCLAIRAGE PAR LE GAZ D'HUILES MINÉRALES

ET

DES HUILES A GAZ

PAR

F. N. KÜCHLER

A WEISSENFELS EN THURINGE.

ABRÉGÉ DES RÈGLES A SUIVRE

DANS LA PRATIQUE POUR LA

CONSTRUCTION ET L'EXPLOITATION

DES FABRIQUES

A GAZ D'HUILES MINÉRALES.

AVEC 21 PLANCHES LITHOGRAPHIÉES.

MUNICH
R. OLDENBOURG
LIBRAIRE-ÉDITEUR

PARIS
EUGÈNE LACROIX
LIBRAIRE-ÉDITEUR

1879.

TABLE DES MATIÈRES.

1*

PRÉFACE.

Vu l'étendue que l'éclairage par le gaz d'huile a eue dans les derniers dix ans; vu les préjugés et le manque de connaissance quant à ce gaz d'éclairage excellent, le besoin de posséder un traité raisonné et positif sur la fabrication de gaz d'huile et sur l'éclairage par ce gaz, a été évident.

En entreprenant de publier ce petit ouvrage sur la matière en question, je ne pouvais puiser, vu l'absence de travaux de ce genre, que dans mes propres expériences et dans le peu de communications de quelques gens de mon métier. De cette manière l'ouvrage ci-présent est devenu un petit ouvrage premier, au sujet duquel j'ai été obligé de recueillir bien péniblement toutes les données. Bien d'autres l'auraient sans doute mieux entendu et réellement, je le leur aurais laissé de bon cœur. Que des plumes plus habiles que la mienne succèdent bientôt. Le travail ci-présent est rédigé de manière à être compris même par des personnes qui ne s'y connaissent pas, et il pourra leur servir de guide dans l'exploitation du gaz d'huile, ou pour s'orienter dans le choix des moyens d'éclairage. Tous les chiffres, diagrammes ou autres renseignements se fondent sur des essais et sur les expériences de bien des années.

WEISSENFELS, EN JANVIER 1878.

F. N. KÜCHLER.

APERÇU HISTORIQUE.

L'éclairage par le gaz d'huile est pour ainsi dire la plus ancienne manière d'éclairage, puisque les chandelles, les bougies etc., même notre primitive lampe de cuisine jusqu'à la plus nouvelle et plus parfaite construction de lampes à pétrole ne sont donc au fond autre chose que de petits appareils à production de gaz, où, par l'action de la chaleur, se fait la transformation de corps contenant de la graisse ou de l'huile liquide, en vapeur, qui se consume immédiatement. Ce fut donc une idée très-simple que d'exploiter de telles matières pour l'éclairage, en forme de gaz. — La lampe à huile s'est donc bientôt changée en appareil formel de production de gaz depuis qu'on commençait à employer des huiles très-volatiles pour l'alimentation de lampes, et qu'on cessait de se servir de la mèche, en faisant vaporiser par le chauffage l'huile, en dehors du bec et en la faisant entrer pour la brûler dans la flamme en forme de vapeur. La plus ancienne construction de lampes de cette espèce est la lampe à vapeur, soit à gaz, de LÜDERSDORF, dans laquelle se vaporisent et se brûlent 1 volume d'huile de térébenthine sur 4 volumes d'alcool. Une lampe semblable fut construite par LILIENFELD et LUTSCHER, dant laquelle le bec repose sur un disque de métal percé, touché par la mèche qui amène l'huile. Quand ce disque est chauffé par une allumette, lorsqu'on allume la lampe, l'huile qui est près du disque, se vaporise, s'en va par les trous du disque, en forme de vapeur et se brûle dans une flamme ressemblant au bec à papillon du gaz carbone; flamme dont la chaleur, en se developpant, opère une constante vaporisation de l'huile. De telles lampes étaient surtout la conséquence de la découverte d'huiles nombreuses relativement bon marché, extrêmement volatiles, produits notamment de la distillation du goudron et des bitumes liquides. — Depuis longtemps on savait tirer du charbon de terre le gaz d'éclairage avant d'employer des matières liquides autant qu'on en connaissait, quoique par exemple des bitumes liquides fussent déjà connues lors du temps d'Alexandre le Grand et qu'on en profitât pour l'éclairage. Puis, on connaissait, il y a environ 150 ans, des sources de bitumes liquides en Galicie; mais il paraît qu'on n'en a pas su tirer profit, puisqu'en 1855 encore, en employant du bitume de Galicie pour des travaux en asphalte, on prodiguait le pétrole gagné à part, comme étant de nulle valeur. Ce n'était que vers la fin du dixième lustre de ce siècle, après que les Américains eurent lancé le bitume liquide dans le commerce du monde, le pétrole acquit son importance actuelle. Tandis que MURDOCH employait déjà le gaz carbone pour l'éclairage en 1792, il paraît que le gaz d'huile n'a été exploité que 23 ans plus tard. Du moins des brevets d'invention de Mr. JOHN TAYLOR sur l'éclairage par le gaz d'huile date de ce temps — de l'an 1815. C'était alors que les villes de Liverpool, de Hull et autres introduisirent l'éclairage par le gaz d'huile. Il n'était cependant que peu de temps en usage par des raisons d'économie. Il est certain qu'on a eu en vue plutôt la transformation en gaz des graisses et des huiles animales et végétales, tandis que sans nul doute les bitumes liquides n'ont pas encore été dans ce temps employées en Angleterre comme matériel brut pour la production de gaz. — Après plus de 40 ans on rencontre de nouveau en Amérique l'éclairage par le gaz d'huile. Que ce fait ait été la conséquence des lampes à vapeur dont je viens de parler, ou que, semblable au gaz carbone (déjà en 1667 STIRLEY fait mention d'une source en feu qu'il ramène sur les couches de charbon à Wigan au Lancashire), cela fût causé par des sources de bitume liquide en feu, que ce soit aussi occasionné, et ce serait la solution la plus simple, par les brevets de Mr. TAYLOR — c'est ce qui reste encore à savoir. Mais c'étaient sans contredit les Américains qui ont relevé l'éclairage presque oublié du gaz d'huile. Si d'un côté on a changé bientôt les huiles dans du gaz par la distillation, comme l'ont fait TAYLOR et après lui WHITE, qui employait des huiles et de la résine pour la production de l'hydrogène carboné; d'un autre côté on n'a certainement pu penser, vu le produit peu considérable de bitumes liquides, et comme les huiles minérales furent produites beaucoup plus tard en grandes quantités — on n'a, dis-je, pu penser à donner à l'éclairage par le gaz d'huile l'étendue qu'il a déjà maintenant. Or, supposé qu'on ait possédé rien que des bitumes liquides pour matériel de fabrication de gaz d'huile, l'éclairage par ce gaz se serait certainement borné aux pays qui sont en possession d'une certaine abondance en bitumes liquides. Mais déjà plus tôt, lorsqu'en Amérique s'ouvrirent de si riches sources de bitumes liquides, l'industrie des huiles minérales se développait puissamment en Europe, et c'était justement elle qui lançait au marché des masses toujours croissantes de produits accessoires, qui dans la suite se trouvaient être du matériel excellent pour la fabrication de gaz, pour la réalisation desquelles on a toutefois dû être quelque peu embarrassé.

En Allemagne c'étaient d'abord RIEDINGER et HIRZEL qui introduisirent l'éclairage par le gaz d'huile; ils furent suivis par ELLENBERGER-BELLOT, SUCKOW et autres; de même chez les industriels en huiles minérales d'Allemagne on faisait d'énergiques efforts; et parmi eux HÜBNER qui par la construction de la cornue verticale contribuait au perfectionnement de la production de gaz d'huile, mérite bien qu'on fasse mention de lui. Vu l'étroite affinité qui existe entre les bitumes liquides et les huiles minérales, il n'était que trop naturel qu'on choisît le matériel pour la fabrication selon la situation du pays et l'espèce de son produit. Ainsi RIEDINGER dans l'Allemagne méridionale employait l'huile schisteuse, SUCKOW le bitume liquide de Galicie et de la Russie du Sud. En Angleterre de même qu'en France on employait également des huiles schisteuses. Quoiqu'on eût pu s'attendre à un développement très-rapide de l'éclairage par le gaz d'huile à l'aide des expériences techniques acquises pendant de longues années dans le gaz carbone, cet éclairage ne s'éloignait que très-lentement de ses commencements. D'abord on ne connaissait pas suffisamment la masse du matériel brut existante, et puis, les premiers appareils à production de gaz d'huile furent si insuffisamment construits qu'ils fonctionnaient mal et que des dérangements dans la marche des machines n'étaient que trop fréquents. Ignoré par les connaisseurs en gaz, des gens s'en emparaient qui sans aucune connaissance de l'essence de la production de gaz, portaient plus de préjudice à la chose qu'ils ne contribuaient à l'avancer. D'autres, mieux versés, cachaient leurs expériences et leurs constructions, en partie du moins meilleures, mais qui toutefois ne laissaient pas d'être longtemps assez médiocres; car même des chimistes distingués croyaient avoir fait assez en employant le simple procédé de distillation dans la cornue.

Des appareils de condensation, de laveurs et de purificateurs — on disait n'en avoir pas besoin ou, si tant était, on n'établissait qu'un simple cylindre ou une cage qui ne pouvait opérer la condensation et la purification du gaz point ou du moins d'une manière très-imparfaite. De cette sorte l'éclairage par le gaz d'huile ne faisait que des progrès très-lents, l'éclairage par le gaz carbone dominant encore partout. Ce n'était qu'à la fin du douzième et au commencement du quatorzième lustre de notre siècle que l'introduction du gaz d'huile devint plus générale, après que l'essor extraordinaire de l'industrie et l'aisance croissante eurent créé le besoin et le désir d'un bon éclairage, et après que la construction d'appareils pour le gaz d'huile eut été inaugurée par un nombre assez considérable de raisons commerciales. De cette manière un grand nombre d'appareils à gaz se sont formés, ayant des constructions de plus en plus améliorées, et par le temps qui court, l'on compte en Allemagne, en Suisse, en Belgique, en France, en Italie, en Scandinavie et en Russie beaucoup plus de 1000 fabriques de gaz d'huile dans les petites villes et les villes moyennes, dans les fabriques, aux gares, aux hôpitaux et aux maisons de santé, même dans les plus simples proportions, aux maisons de campagne. Il s'ensuit à ne plus en douter que le gaz d'huile est le seul gaz d'éclairage qui puisse concourir avec succès avec le gaz carbone, et qui ait acquis la plus vaste propagation. La fabrication de gaz de bois, de tourbe et de résine, de laquelle on avait si bien auguré, ne se trouve que très-rarement par-ci et par-là, étant une chose passée de mode. Si cependant il n'est pas à mettre en doute que l'éclairage par le gaz d'huile n'ait gagné une importance énorme, il faudra s'étonner avec raison qu'on rencontre encore aujourd'hui bien des préjugés à l'égard de cet excellent gaz d'éclairage, et que même beaucoup d'experts en la fabrication de gaz carbone lui opposent une méfiance insurmontable. Il y a longtemps que la technique en gaz est devenue une science ; mais ce n'est que l'industrie en gaz carbone qui en ait profité ; dans les livres on parle très-succinctement de la technique en gaz d'huile, — elle en est restée en réalité l'enfant négligé. S'il est vrai que l'éclairage par le gaz d'huile n'aura jamais l'importance que celui du gaz carbone possède déjà maintenant ; toutefois il ne laisse pas de remplacer, de supplanter le gaz carbone dans beaucoup de cas. C'est déjà devenu un fait accompli auquel il ne sert à rien de fermer les yeux, et à cause duquel il paraît de saison de vouer à cette partie importante de l'éclairage par le gaz, un intérêt plus universel, d'autant plus que l'emploi et la réalisation du gaz d'huile en sont plus vastes et plus étendus que ceux du gaz carbone.

LES MATÉRIAUX BRUTS SERVANT A LA PRODUCTION DE GAZ D'HUILE.

L'on peut transformer en gaz toutes les matières contenant de la graisse ou de l'huile. Si tant est que des matières animales ou végétales sont peu propres à la fabrication de gaz, leur emploi se défend encore par des raisons d'économie. C'est pourquoi on ne s'en sert que dans des conditions données, savoir quand on les obtient en résidus sans valeur, comme par exemple les eaux savonneuses et celles des foules dans les fabriques à fil de chaîne long brin et à drap (suint). L'on produit principalement du gaz rien que des bitumes liquides et des huiles minérales, savoir du pétrole, du naphta, des huiles de goudron d'houille, des huiles schisteuses, etc. Il n'y a presque pas de pays où ces produits n'existent pas. Tous les bitumes liquides ressemblent aux huiles minérales tirées du goudron, et se composent comme elles principalement de gaz hydrogènes carbonés liquides. Les bitumes liquides abondent surtout dans l'Amérique du Nord, s'étendant sur plus de 10 degrés de latitude. Le Canada, la Californie et l'Amérique du Sud : le Pérou, la république Argentine, la Bolivie et l'île de la Trinité fournissent également des bitumes liquides. En Asie, Ragun sur l'Iravaddy produit à elle seule 3 millions de quintaux par an. La Chine abonde aussi en bitumes liquides ; en Mésopotamie il n'en manque pas, et les sources de bitume liquide au Caucase et sur la côte orientale de la mer Caspienne en sont extrêmement productives. Les puits sur la presqu'île d'Apchéron à eux seuls fournissent 6 millions de pud par an. Le bitume liquide qui se trouve fréquemment en Afrique n'a pas encore pu se faire valoir a côté de celui d'Amérique. En Galicie la zone des bitumes liquides court le long des montagnes dans une étendue de 2 à 3 milles ; c'est là que rien que des mines de Borislaw on tire 100 000 quintaux de bitume liquide et 45 000 quintaux de bitume (ozokérite) par an. De même la Roumanie a de considérables sources de bitumes liquides et en Italie les mines de San Giovanni Incarico en produisent à elles seules 65 à 70 000 quintaux. Le Hanovre, le Brunswic, la Bavière, l'Angleterre et l'Écosse, la France, l'Espagne, la Grèce, la Suisse ne manquent non plus de bitumes liquides. En 1872 la production en bitumes liquides de l'Amérique septentrionale se montait à 7 394 000 barriques, beaucoup plus de 20 millions de quintaux, dont 1 million de quintaux furent exportés comme pétrole brut et 500 000 quintaux comme naphta et comme résidus de distillation. Ce sont des chiffres accablants, et malgré tout cela on n'est pas encore en état de taxer aujourd'hui la richesse en bitumes liquides, pas même approximativement. Ajoutons que beaucoup de bitumes liquides ne se prêtant pas à l'alimentation de lampes, mais, ne pouvant se réaliser que pour la production de gaz, comme celle d'Italie, on aura des sources de bitumes liquides déjà des masses si énormes de matériel brut pour la production de gaz, que sous tous les rapports on n'aura aucun manque à craindre, quand même l'éclairage par le gaz d'huile atteindrait la plus grande étendue possible. L'éclairage par le gaz d'huile ne couvre ses besoins jusqu'à présent que pour la plus petite partie de cette richesse en bitume liquide; c'est ce que font plus que suffisamment les huiles minérales, soit les produits accessoires gagnés à part la production. De tels produits accessoires sont gagnés en grandes quantités en Écosse, en Angleterre, en France, en Allemagne, etc. En 1876 par exemple, la production en huiles minérales se montait à près de 450 000 quintaux au canton de Mersebourg, dont bien au-delà de 100 000 quintaux en huiles qui ne se prêtent avantageusement qu'à la production de gaz; rien qu'une fabrique en Écosse produit une quantité d'huiles presque égale pour la production de gaz. Or, la quantité annuelle nécessaire pour un bec de gaz d'huile normal se monte seulement à 30—35 kg; il serait donc possible d'alimenter environ 1 ½ millions de becs de gaz par an avec 1 million de quintaux d'huile. Toutes les fabriques à gaz en Allemagne et dans l'Autriche allemande ne possédaient cependant en 1868 que 2 166 000 becs particuliers, et 129 000 becs publics. De là on peut conclure avec facilité que dans les deux pays en question on n'emploiera ½ million de quintaux d'huile que lorsqu'environ un tiers des becs seraient alimentés par le gaz d'huile. Or, la production annuelle de bitumes liquides et d'huiles minérales augmente plus rapidement que la consommation du matériel pour le gaz. Les appareils à gaz n'absorbent pas encore aujourd'hui 3% en tout de la production générale en bitumes liquides et en huiles minérales. Les huiles minérales se prêtent à la distillation d'un grand nombre de houilles et de tous les charbons schisteux de Boghead et d'autres charbons, à part la production toujours croissante d'huiles tirées des ardoises bitumineuses d'Allemagne, de France, d'Italie, etc. Il est vrai que toutes les houilles ne sont pas de nature assez bitumineuse, ne contiennent pas assez de pyropissite, pour être mises en œuvre, vu l'état actuel de la technique en huiles minérales, avec autant de profit que par exemple le fumeron de Saxe et de Thuringe. Cependant la technique se perfectionnera aussi à cet égard et l'on apprendra, quand la nécessité deviendra urgente, à brûler avec profit du charbon moins riche en bitume. La houille se trouve dans tous les pays dans une étendue qu'on n'a pas encore mesurée, le plus abondamment en Allemagne et en Pologne; on évalue l'étendue de ce bassin à 4—5000 milles-carrés des collines et des montagnes de l'Allemagne centrale et orientale jusqu'à la mer du Nord et la mer Baltique; et la contrée entre le Niémen et la Duna à 4—5000 milles-carrés. Dans la Marche et la Lusace ce sont 800 milles-carres; le bassin de la Saxe et de la Thuringe y est contigu. Des couches étendues se trouvent en Bohême, dans la Hesse supérieure et inférieure, au Rhin, au Westerwald, au Bas-Rhin; du Siebengebirge jusqu'à Aix-la-Chapelle et Dusseldorf. En Moravie, dans la Silésie supérieure et en Hongrie il y a également de la houille; le bassin de ce pays s'étend jusqu'à la Carinthie et la Stirie; l'Autriche supérieure, la France méridionale, l'Italie, l'Algérie, l'Amérique du Nord, le Japon, les îles de l'Archipel indien possèdent de la houille; de cette manière elle couvre toute la terre. La crainte que les huiles à production de gaz devinssent des objects de spéculation ne s'est pas réalisée; le prix de ces huiles n'a pas haussé avec la demande; elles sont devenues meilleur marché tout au contraire, et l'on y pouvait faire l'observation que, une fois demandées, les offres se présentaient en abondance. Vu la circonstance que pour la plupart tous les pays produisent des bitumes liquides et des huiles minérales au delà de leur besoin par leur moyens propres, et qu'ils sont obligés de lancer le surplus de production en partie à des marchés étrangers, les huiles à gaz n'auront jamais un prix qui ne soit naturel et plus haut que d'autres matières à éclairage. En 1877 par exemple où les huiles à gaz de Saxe et de Thuringe avaient un prix très-haut, on pouvait dans l'Allemagne centrale mettre en œuvre des gaz d'Écosse à un prix également modéré.

Les prix en octobre de cette année furent :

Huiles à gaz de Saxe et de Thuringe	.	pour 50 kg, barrique inclue,	de 10,62 frcs.,	franco	Weissenfels sur la Saale.
„ „ d'Écosse	. . . . . .	„ 50 „	„ „	de 7,50 „	„	Hambourg.
„ „ schisteuses du Wurtemberg	„ 50 „	„ „	de 11,25 „	„	Reutlingen.
„ „ d'Italie	. . . . . .	„ 50 „	„ „	de 6,88 „	„	Naples.
„ „ schisteuses de France	. .	„ 50 „	„ „	de 10,00 „	„	—

L'Italie lève un octroi sur les bitumes liquides et les huiles minérales de 9 frcs. pour 50 kg (octroi d'entrée); malgré cela les bitumes liquides du pays s'achètent extrêmement bon marché au pays même, parce que justement la demande n'atteint pas l'offre. Il s'ensuit qu'on ne pourra répondre qu'affirmativement à la question : „Le matériel à gaz d'huile existe-t-il en assez grande quantité et est-il assez bon marché?"

PARALLÈLE ENTRE LES MOYENS D'ÉCLAIRAGE LES PLUS USITÉS.

La plus propre à la production de gaz est le bitume liquide américain à cause de sa composition chimique, ce que prouve la table suivante, dans laquelle sont reçus encore d'autres sortes de gaz d'éclairage pour faire figurer la plus haute valeur d'éclairage de toutes ces sortes de gaz d'huile.

Sorte de gaz	Hydrogène carboné		Oxyde carboné	Hydrogène	Acide carbonique	Azote	Poids spécifique	Force d'éclairage la pelt de Newcastel posée comme 100
	léger	lourd						
Gaz de bois . . .	10,57	33,76	37,62	18,05	--	—	0,65—70	122,4
„ de tourbe . .	9,52	42,65	20,33	27,50	—	—	0,60—63	108
„ de Newcastel .	9,68	41,38	15,64	33,30	—	—	0,45	100
„ de Boghead. .	24,50	58,38	6,58	10,54	—	—	0,62	302,7
„ de pétrole . .	31,60	45,70	—	22,70	--	—	0,80—82	420,8
„ d'huile minérale	28,91	54,92	8,94	6,41	—	0,82	0,78—80	395,7

La force d'éclairage des différents gaz aux substances d'éclairage liquides et solides se trouve mise en parallèle par MARX dans sa table si bien ordonnée que nous rendons en partie comme suit :

2*

Matière d'éclairage	Consommation par heure		Force d'éclai-rage des bougies normales
	en grammes	en litres	
Bougie normale	7,75	—	1
Bougie de stéarine, 5 = 1 livre	9,95	—	1
Bougie de parafine	7,20	—	1,1
Bitume liquide d'Amérique .	15,10	—	3,2
Huile schisteuse	14,50	—	3,0
Photogène	14,30	—	3,0
Huile de navette	19,90	—	2,8
Gas carbone	—	127,35	10,0
Gas de pétrole	—	28	12,2
„ d'huile minérale. . . .	—	28	11,3
„ de Boghead	—	28	9,8

A la table précedente on pourra mesurer approximativement les frais d'éclairage des divers moyens d'éclairage en multipliant la consommation avec le prix d'achat et les forces demandées d'éclairage, et en divisant le produit par la valeur normale d'éclairage; par exemple, l'on aurait besoin d'un éclairage de la force de 500 bougies normales et voulant employer du pétrole qui coûte 50 frcs. par kilo, on aurait :

$$\frac{15,10 \times 0,04 \times 500}{: 3,2} = \begin{array}{l} 3,78 \text{ frcs.} \\ 1,18 \text{ „} \end{array}$$

de frais d'éclairage par heure, — ou avec éclairage par le gaz d'huile de 500 bougies normales, dont 1 m.-c. coûte 0,88 frcs., on aurait :

$$\frac{28 \times 0,07 \times 500}{: 11,3} = \begin{array}{l} 12,25 \text{ frcs.} \\ 1,08 \text{ „} \end{array}$$

de frais d'éclairage par heure.

Un arrangement et des calculs pareils ne pourront naturellement qu'indiquer le rapport approximatif de la valeur d'éclairage des matières d'éclairage entre elles et de leur frais ; car les prix de chaque espèce d'éclairage different partout, et la force d'éclairage de chaque matière n'est pas en proportion avec sa consommation.

    42,2 litres de gaz de bitume liquide par exemple produisent la force de 16 bougies normales,
    28 litres déjà la force de 12,2 bougies normales.

Il résulte de cela qu'au gaz la force d'éclairage diminue en grande disproportion avec l'augmentation de la consommation; la proportion inverse a lieu avec les bougies.

De là on peut s'expliquer que, si le résultat doit être juste, il ne faudra compter qu'avec des rapports exactement donnés.

LES HUILES SERVANT A LA PRODUCTION DE GAZ.

Les principales huiles pour la production de gaz s'arrangent quant à leur produit en gaz et leur valeur d'éclairage comme suit :

Sorte de gaz		Poids spécifique	Produits de 50 kg en pieds-cubes anglais	Force d'éclairage d'un pied-cube anglais
Petrole americain	raffiné	0,780/782	1400—1500	12,2 bougies normales
	brut	0,800/900	plus de 1100	11,5—11,8
	résidus	plus de 0,900	environ 1000	11 environ
Résidus d'huile de parafine de Thuringe	bruns-rouges . . .	0,880/890	950—1000	11—12
	bruns-rouges clair .	0,865/875	950— 980	10,5—11,5
	créosote	plus de 0,900	600— 620	9— 9,5
Les mêmes d'Écosse		„ 0,900	environ 1000	environ 11
Huile schisteuse de Reutlingen		„ 0,900	„ 1000	11—11,5
Pétrole brut de San Giovanni.		„ 0,960	„ 800	environ 10
„ „ de Galicie		—	„ 1000	11—11,5
„ brun-rouge de Thuringe		—	1300—1500	11
„ brun avec de l'hydrogène				
Huiles schisteuses de la France méridionale . .		0,900	environ 1000	10—11,5

Le pétrole et le gaz hydrogène carboné fournissent le meilleur gaz et en très-grandes quantités ; le créosote, connu au commerce comme „huile noire", en produit le moins et est le plus faible en éclairage. En général le produit des huiles minérales et des bitumes liquides est à peu près en proportion directe avec leur force d'éclairage, à moins qu'on n'emploie des huiles de créosote. La température et la construction des cornues ont une influence essentielle sur le produit en gaz et sur la valeur d'éclairage ; mais, à tout prendre, ces huiles-là seront les plus propres qui n'auront que 0,880/890 de poids spécifique.

Déterminer exactement, au moment donné, la valeur d'une matière pour la production de gaz, ce n'est pas du tout possible ; la chose la meilleure et la plus simple sera toujours celle que voici : Avant d'acheter les huiles on leur fait subir un examen sur l'appareil à gaz, après quoi l'on ne demandera qu'en conséquence des résultats obtenus de la production des gaz, et d'après le poids spécifique de l'huile examinée. Cette méthode est en générale la seule par laquelle on puisse se mettre à l'abri de se tromper et d'être surfait.

Pour la recherche du poids spécifique on se sert de l'essayeur d'huile (aréomètre) en s'y prenant de la manière suivante : Après avoir rempli un long verre en forme de cylindre, de l'huile destinée à être pesée, et après avoir fait monter l'huile à $+15^{\circ}$ de C., on introduit l'aréomètre dans l'huile. L'aréomètre est d'un côté flanqué par un thermomètre et de l'autre d'une échelle à mille degrés de poids. La raie indiquant la partie de l'échelle jusqu'à laquelle l'aréomètre s'enfonce dans le fluide, soit le trait coïncidant avec la surface de l'huile, annonce la hauteur du poids spécifique. Ce poids ne devra pas différer de plus de 10 degrés pour mille, dans de bonne huile. L'on achète de tels essayeurs (aréomètres) chez tous les mécaniciens.

Les huiles d'environ 0,880 de poids spécifique méritent la préférence, comme nous l'avons dit plus haut; parce qu'elles fournissent les formes d'hydrogène carboné les plus propres à la production de gaz, en produisant la plus grande quantité d'hydrogènes carbonés lourds et gazéiformes, lesquels offrent, comme l'on sait, principalement la force d'éclairage du gaz.

Il est vrai que les huiles plus légères fournissent de plus grands volumes de gaz, mais elles contiennent un assez grand nombre de substances volatiles qui, a une température basse des cornues deviennent gazéiformes, se décomposent de nouveau en partie sous une température plus haute des cornues ou, quand elles conservent leur forme de gaz, n'augmentent pas la force d'éclairage, étant des hydrogènes carbonés légers. Il s'ensuit que ce doit être une grande erreur que de mesurer la valeur d'une matière à gaz uniquement d'après son produit en gaz.

50 kg d'huile parafine jaune-clair d'un poids spécifique de 0,860 donnaient par exemple 1150 p. c. de gaz, dont 1,25 p. c. cependant n'avaient que la force d'éclairage de 9,5 bougies normales; une quantité égale d'huile brune-rouge d'un poids spécifique de 0,880 ne produisait que 990 p. c. de gaz, mais 1 p. c. en possédait la force d'éclairage de 12 bougies normales.

A I le produit était plus haut qu'à II de 15%,

„ I la force d'éclairage était plus basse qu'à II de 25%,

„ I la consommation était plus haute qu'à II de 25%.

A I les 9,5 bougies normales (les 50 kg d'huile comptés 10 frcs. le kilo) coûtaient 1,09 cent.; à II elles coûtaient 0,75 cent.

De quoi il s'ensuit aux essays dans la fabrication de gaz, qu'il faut considérer:

1⁰ le produit en gaz,

2⁰ la force d'éclairage d'une quantité donnée de gaz,

3⁰ la consommation pour obtenir la force d'éclairage voulue.

Dans beaucoup de cas on pourra recourir à la table précédente pour la demande d'huiles à gaz. Les chiffres y donnés sont le résultat moyen de nombreux essais de fabrication de gaz dans des cornues parfaitement égales, et ils sont aussi exacts qu'il est possible d'obtenir des résultats exacts et positifs à une distillation à l'alambic, sur laquelle la température des cornues et les rapports de pression sont d'une si grande influence.

Quant aux dangers provenant de la combustibilité des matériaux à gaz, le plus sujet d'entre eux à l'explosion, le pétrole, ne prend pas encore feu à +50⁰ C., et avec cela le fondement de toute crainte est retiré. La conservation des huiles se fait le plus simplement de manière qu'on en emplit des tonneaux qu'on fait entrer si avant dans la terre qu'on obtient 1 pied de terre comme couverture. En cas qu'on ait des bassins murés ou en fer (cimentés), ou qu'on ne craigne pas les dépenses pour en construire, on pourrait conserver les huiles avec plus d'avantage encore. En établissant encore une pompe foulante et aspirante avec un conduit en fer de forge, on pourra conduire les matériaux à gaz directement sur le four aux cornues; avec quoi on profitera sur le travail et encore davantage sur le matériel.

L'on fera bien, si cela est possible, de ne pas faire venir les huiles au cœur de l'été, mais dans une saison plus froide. Quand il fait très-chaud, les barriques d'huile font eau, et la perte au transport en est excessivement grand.

LES SUBSTANCES DU GAZ D'HUILE.

Le gaz d'huile est sans couleur ; son poids spécifique flotte selon la qualité du matériel brut et la température sous laquelle on le produit ; rarement il monte au delà de 0,800.

Le gaz d'huile contient en substances d'éclairage l'élaïle et l'homologue ; en substances non-éclairantes ou mal-éclairantes : du gaz de marais, de l'hydrogène et de l'oxide carboné ; en substances salissantes : de l'acide carbonique, de l'hydrogène sulfuré, de l'oxygène et de l'azote.

Le gaz d'huile demande pour l'embrasement une chaleur blanche au feu. La capacité d'explosion commence à 1 volume de gaz sur 11 à 18 volumes d'air ; elle cesse à 6 parties d'air sur 1 partie de gaz ; elle est la plus forte à 14 parties d'air sur une partie de gaz. Déjà $\frac{1}{10\,000}$ de partie de volume de gaz dans les chambres etc. se fait sentir par son odeur pénétrante provenant d'une quantité d'huile de sénevé de phenyle ; rien que 3% de cette huile, mêlés à l'air de la chambre, sont déjà, à ce qu'on dit, en état de tuer un homme y respirant pendant quelque temps.

L'examen du gaz d'huile par rapport à sa composition, sa quantité et sa qualité ne pourra être opéré avec succès que par des chimistes très-expérimentés. La recherche au contraire de quelques gaz salissants dans le gaz d'huile se fera exécuter avec facilité. L'existence d'hydrogènes sulfurés par exemple qui par le manque de suffisante ou à cause de fausse purification, sont très-fréquents au gaz d'huile et qui, non-brûlés ou brûlés à des acides sulfurés, ont une influence nuisible sur les couleurs, les métaux et la santé même, pourra être démontrée par du papier de sucre de saturne. Un morceau d'un papier pareil humecté, exposé au courant du gaz, se noircit plus ou moins par un gaz renfermant de l'hydrogène sulfuré. Dans de l'eau de chaux claire, des gaz contenant de l'acide carbonique, produisent un précipité blanc.

Pour juger de la force d'éclairage du gaz d'huile on se sert du poids spécifique et, à tout prendre, les gaz lourds ont une plus haute valeur d'éclairage. La force d'éclairage dépend avant tout de la quantité d'hydrogènes carbonés lourds, mais aussi de l'existence de gaz non-éclairants ou mal-éclairants, qui exercent une influence essentielle sur la combustion. Car l'on suppose que l'éclairage se fait par la décomposition des hydrogènes carbonés, à une haute température, où les carbones dans un feu de chaude clair se séparent d'après leurs plus fins atomes. Maintenant, l'hydrogène, gaz non-éclairant, brûle sous des degrés de chaleur extrêmement hauts.

De même un conduit d'air convenable à la combustion est d'une grande importance pour la production de l'éclairage ; c'est justement ce conduit qui est d'une influence considérable sur un gaz d'huile riche en carbone. Quand on brûle le gaz d'huile dans des lampes à becs d'Argand avec un conduit d'air insuffisant, il se développe de la suie entremêlée d'hydrogènes carbonés à demi brûlés ; quand il y a un surcroît d'air, les carbones au contraire ne peuvent se séparer du tout. Un tel air superflu se conserve sous une pression de gas trop haute ; c'est pourquoi il faudra bien faire attention à l'appareil des becs, auxquels nous reviendrons à l'occasion de l'explication des becs à gaz d'huile.

PARTIES D'UNE FABRIQUE A GAZ D'HUILE

1° *Bâtiment pour la fabrication* (*maison à gaz*) avec une espace
   a) pour les cornues,
   b) pour la purification.

2° *Le réservoir à gaz* avec
   a) le bassin,
   b) la cloche.

La maison à gaz. Dans les fabriques à gaz d'huile elle n'existe pas toujours comme bâtiment séparé, parce que la simplicité de tout l'établissement, et de toute la fabrication, l'exiguité de la place nécessaire, et en dernier lieu la facilité de l'exploitation rendent très-souvent de petites places propres à la réception des fours aux cornues et des appareils; c'est ce qui arrive principalement dans de petites fabriques à gaz particulières.

Diagramme *A* représente un appareil à gaz construit dans une maison pour la chaudière vu en plan, et la coupe longitudinale pour 2 cornues verticales, et ce qui y appartient. Les murs y pourront être construits en briques ou en charpente; la cheminée pour les chaudières sert aussi au chauffage des cornues. L'arrangement en est tel qu'un des chauffeurs des chaudières pourra en même temps se charger de la fabrication du gaz. Selon les ordonnances de la police des bâtiments on pourrait aussi placer le four aux cornues tout séparé, sans changements. L'entrée de l'espace pour la purification se fait ici de dedans de l'espace pour les cornues, au diagramme ci-présent; elle pourrait aussi bien être établie de dehors au pignon. Si la fabrique marche en hiver dans des intervalles de 2 à 3 jours, on pourra aussi, pour chauffer l'espace à purification, y introduire un conduit à vapeur; mais cela est seulement nécessaire quand l'espace pour la purification est complètement séparé de l'espace pour le chauffage de la chaudière; sans cela la température de la maison à chaudière empêche déjà parfaitement que les fermetures d'eau aux appareils ne se gèlent

Diagramme *B* représente une maison à gaz pour une cornue verticale montée à côté d'une fabrique qui existe déjà, avec assez d'espace pour établir une seconde cornue; à quoi il faudra avant tout prendre égard, en entreprenant de bâtir des maisons à gaz, parce qu'une seule cornue — surtout quand on échange la cornue verticale, ce qui demande un temps considérable — rend inévitables des dérangements dans la machine en cas que la cornue pourrait ne plus être employée; et parce que dans la plupart des cas le besoin d'eclairage augmente.

Diagramme *B* nous montre l'espace pour les cornues parfaitement séparé de celui pour la purification, le mur de séparation fait en charpente. Le toit de la maison à gaz, fait en bois à couverture dure, a une tour à cheval pour amener une bonne ventilation. La maison à gaz pour les cornues verticales demande une hauteur plus grande, parce qu'il faut au-dessus du four assez d'espace pour ôter le manchon appliqué dans la cornue; pour ce but il est commode de monter la tour à cheval au-dessus des cornues. Pour que la maison à gaz ne soit pas trop élevée, on fait entrer le four un peu plus avant dans le sol, de manière que le chauffage soit en plain pied avec le plancher.

Le diagramme *B* contient la plus grande cornue que nous ayons construite jusqu'à présent; longueur de la cornue entière de 3,25 m. Les premières décharges de goudron sont accumulées dans l'espace pour les cornues par l'accumulateur à goudron; et l'on conduit les masses de condensation encore déchargées à l'appareil 3 du laveur et scrubber au large par l'éspace à purification. Ces masses sont déchargées le plus pratiquement dans un tuyau long de 40 mm, fermé par un siphon.

Oelgasanstalt im Kesselhaus für 1000 bis 1500 Flammen.

Appareil à gas d'huile placé dans la maison de la chaudière suffisant pour 1000 à 1500 becs.

APPARATUS FOR PRODUCING OIL-GAS IN THE BOILER ROOM, SUFFICIENT FOR 1000 TO 1500 FLAMES.

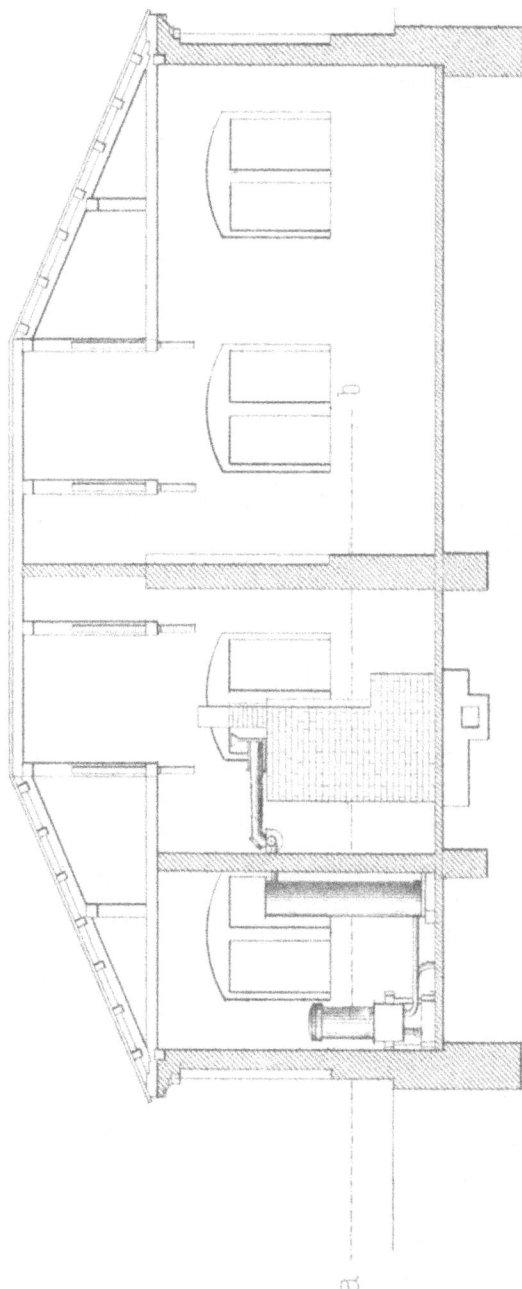

Maasstab . 1 : 140.
Schatte . 1 : 140.
Scale . 1 : 140.

Grundriss.
Diagramme A. Plan.
Sketch A. Plan.

1ª Reinigungs-Raum. 2ª Retorten-Raum. 3ª Kesselhaus u. Dampf-Kessel.
1ª Espace pour la purification 2ª Espace pour les cornues. 3ª Maison pour la chaudière et Chaudière.
1ª Purification-room. 2ª Retort-room. 3ª Boiler room and Boiler

1. Retortenofen 2. Vorlage 3. Luftcondensator 4. Wasch u. Scrubber 5. Reiniger

1. Four aux cornues
2. Récipient
3. Condensateur à l'air
4. Laveur par l'eau et purificateur à coke scrubber.
5. Purificateur à fer et à chaux éteinte

Schornstein.
Cheminée.
Chimney.

1. Retort furnace
2. Recipient
3. Air condenser
4. Washer and scrubber
5. Purifier

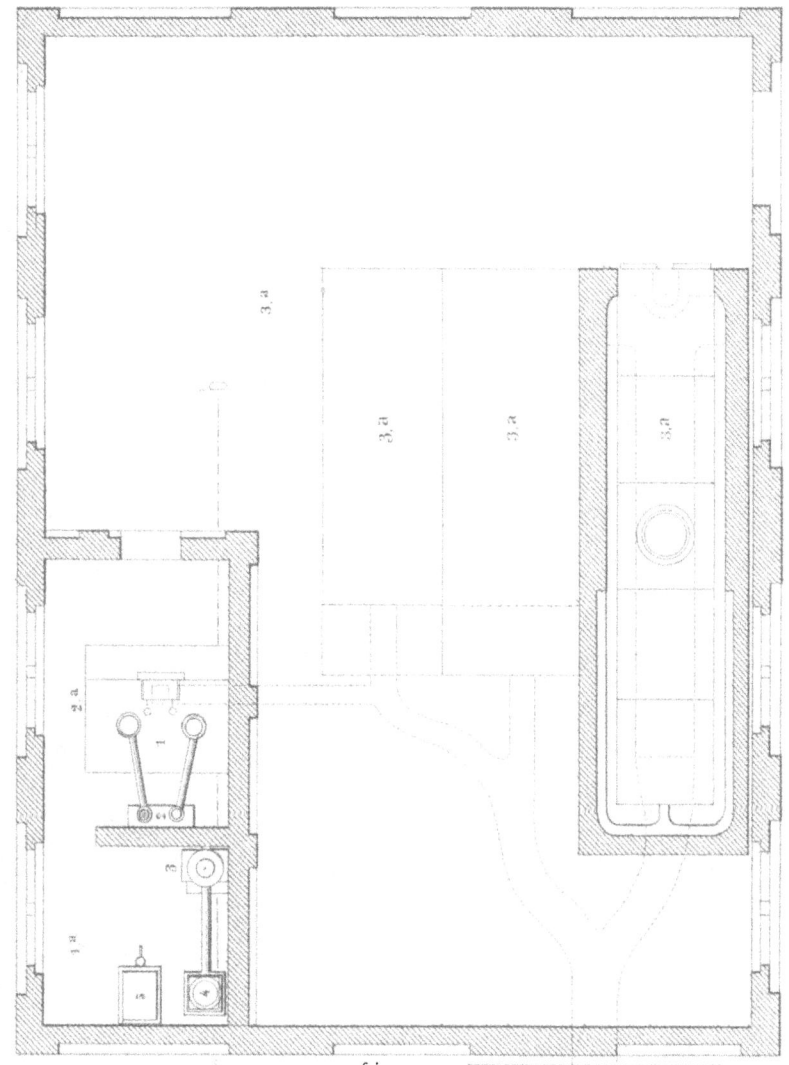

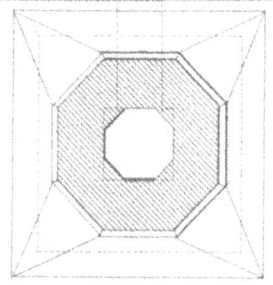

Maassst. 1:140
Echelle 1:140
Scale 1:140

Schnitt u. Ansicht nach a-b.
Diagramme B.
Coupe et vue selon a-b.
Sketch B.
Section and view after a-b.

Angebaute Gasanstalt für 500 bis 800 Flammen an Fabrikat8 Gebäude.

Appareil à gaz monté à côté de la fabrique, suffisant pour 500 a 800 becs.

APPARATUS OF GAS ADJOINING THE FACTORY FOR 500 TO 800 FLAMES.

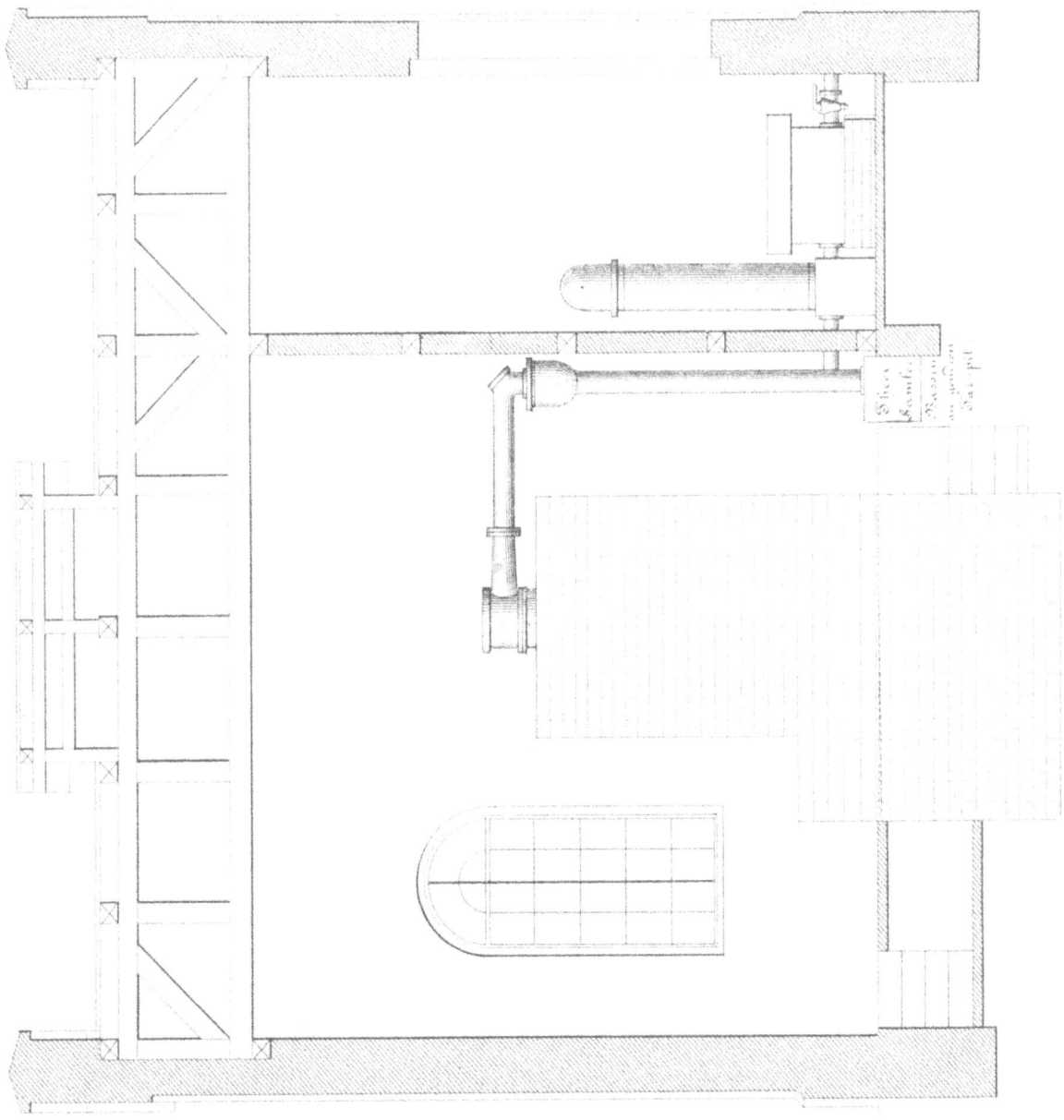

Diagramme B.
Plan.
Sketch B.
Plan.

1. Retorten-Ofen
1. Four aux cornues
1. Retort-Furnace

2. Vorlage.
2. Recipient.
2. Recipient.

3. Wäscher mit Doppel Scrubber
3. Laveur avec une scrubber double.
3. Washer with double scrubber.

4. Reiniger.
4. Purificateur.
4. Purifier.

Schornstein
Cheminée
Chimney

Fabrik Gebäude
Fabrique
Factory

Maassft 1: 50.
Echelle 1: 50.
Scale 1: 50.

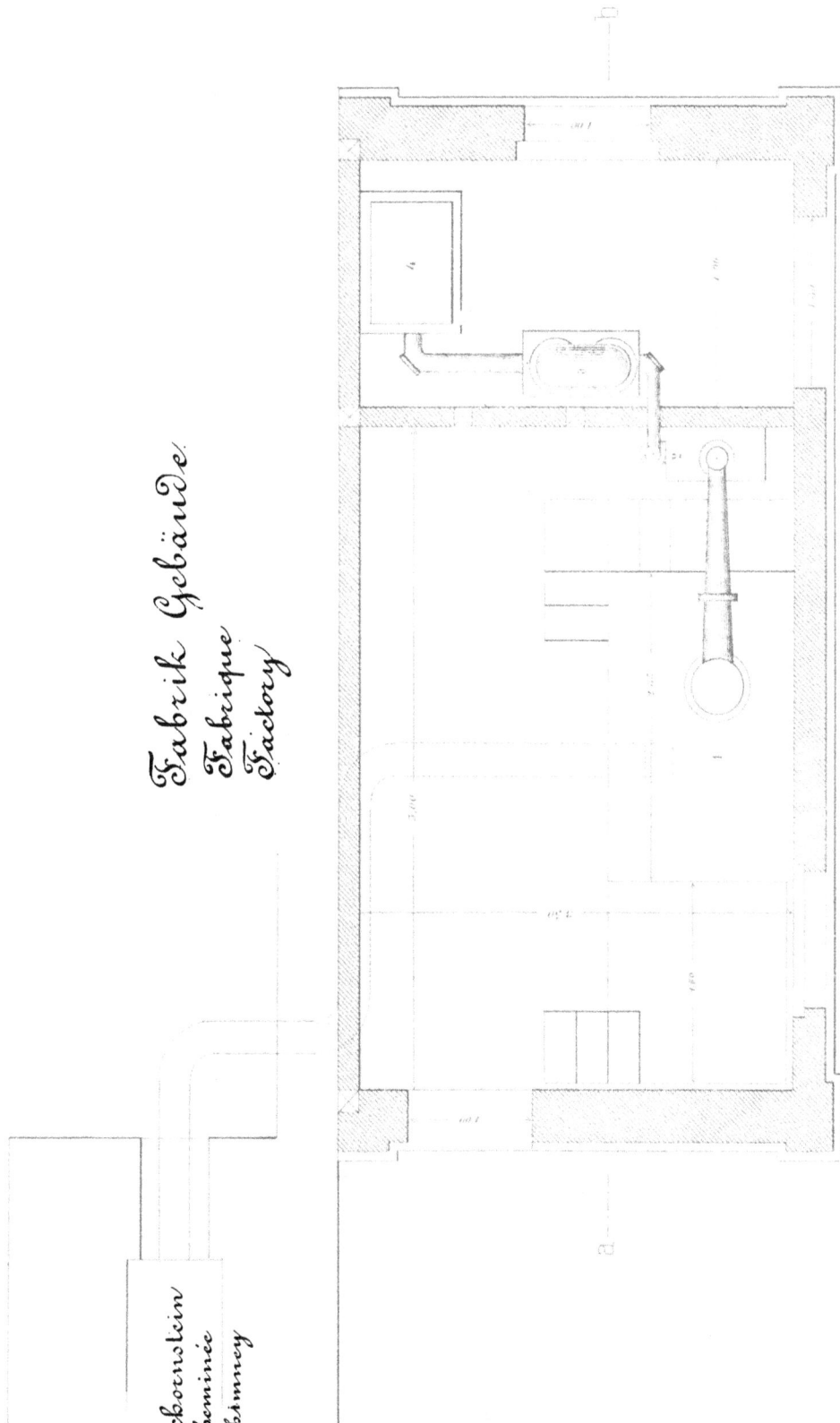

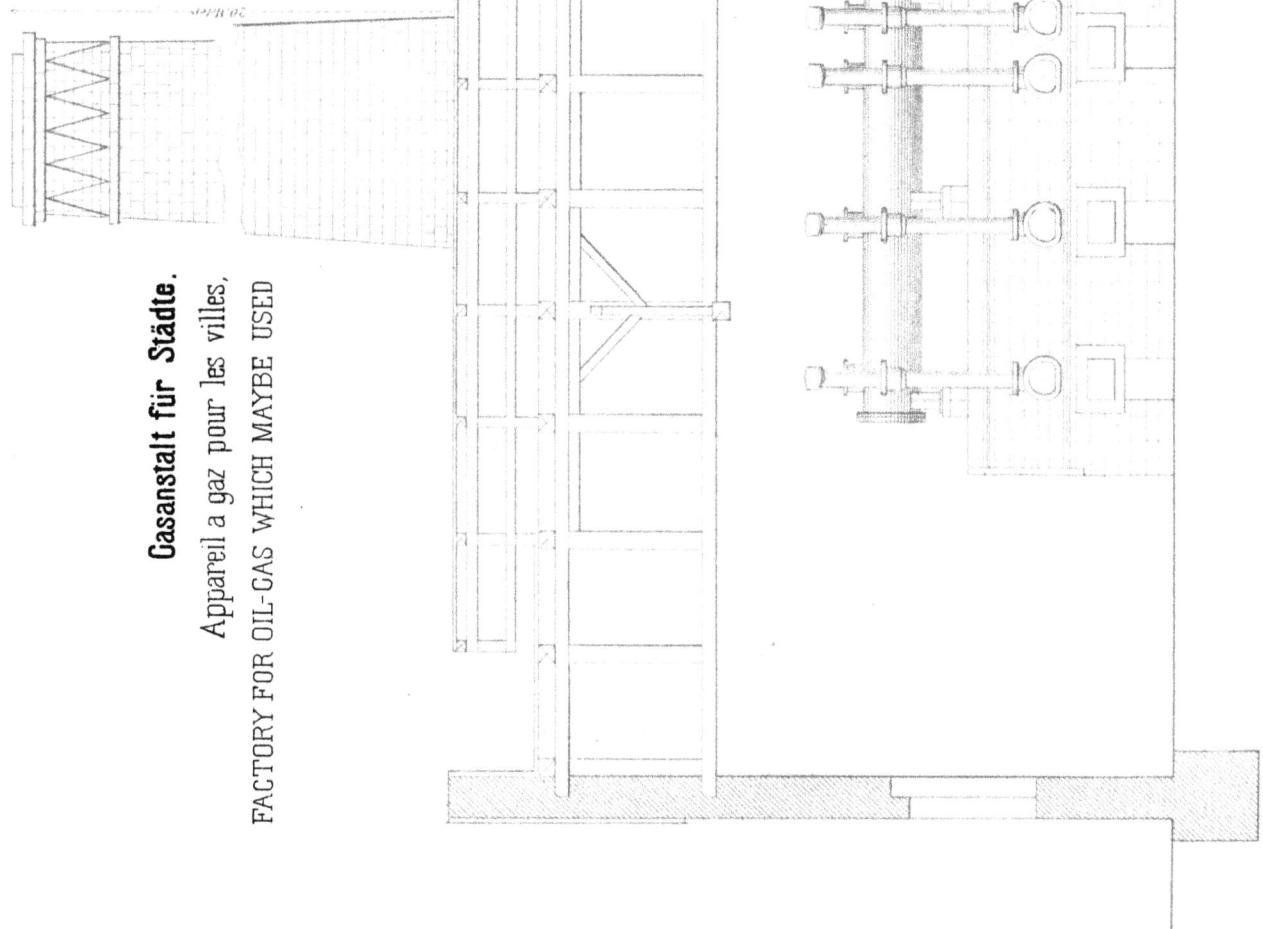

Gasanstalt für Städte.
Appareil a gaz pour les villes,
FACTORY FOR OIL-GAS WHICH MAYBE USED

Bahnhöfe. für 1000 bis 5000 Flammen
gares, etc. suffisant pour 1000 à 5000 becs
BY CITIES, RAILWAYS ETC. FOR 1000 TO 5000 FLAMES

Schnitt u. Ansicht a-b
Diagramme C
Coupe et vue a-b
Sketch C.
Section and View c

Maassst. 1:50.
Echelle. 1:50.
Scale. 1:50.

lith. Anst. v. Jos. Huber vorm. Joh. Meises. München.

3. Luftcondensator. 8. Ausschaltung.
4. Wasch u. Scrubber. 9. Druckregulator
5. Reiniger. 10. Theergrube.

6. Changeur.
7. Compteur pour la production du gaz.
8. Appareil pour la séparation.
9. Régulateur de la pression.
10. Bassin au goudron.

1. Four aux cornues.
2. Récipient.
3. Condenseur à l'air.
4. Laveur et scrubber.
5. Purificateur.

1. Retort furnace.
2. Recipient.
3. Air-condenser.
4. Washer and scrubber.
5. Purifier.

6. Changer.
7. Counter of the gas-production.
8. Apparatus for the separation.
9. Regulator of the pressure.
10. Tar-pit.

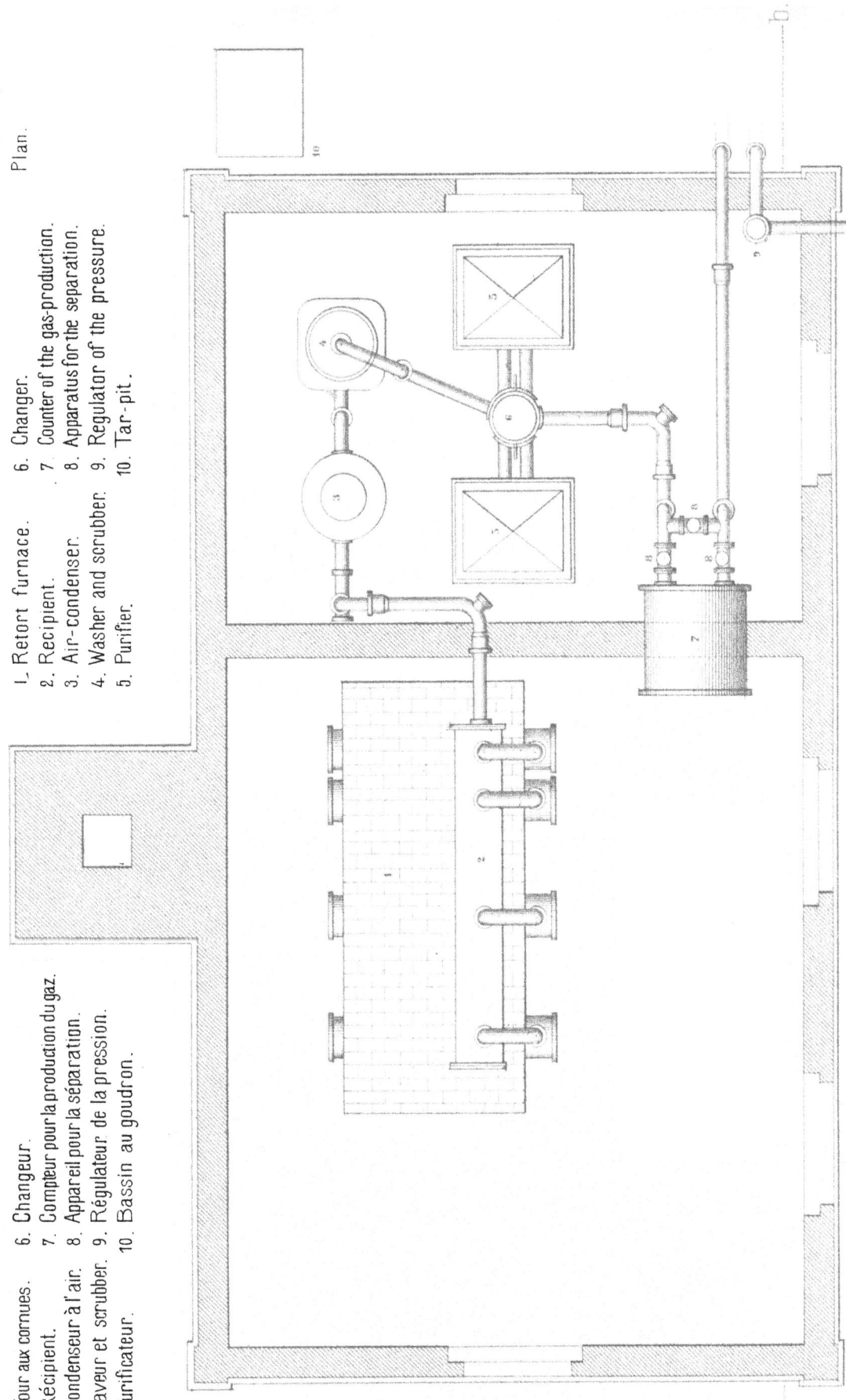

Lith. Anst. v. Jos. Huber vorm. J. L. Piloss München

Querschnitt nach c. d.
Diagramme D
Coupe transversale selon c-d
Sketch. D.
Cross section after c-d

Apparatus für Gas...

Appareil à gaz separé suffisant pour 100 à 300 becs.

SEPARATED GAS HOUSE FOR 100 TO 300 FLAMES

Theer-Grube
Bassin au goudron.
Tar pit

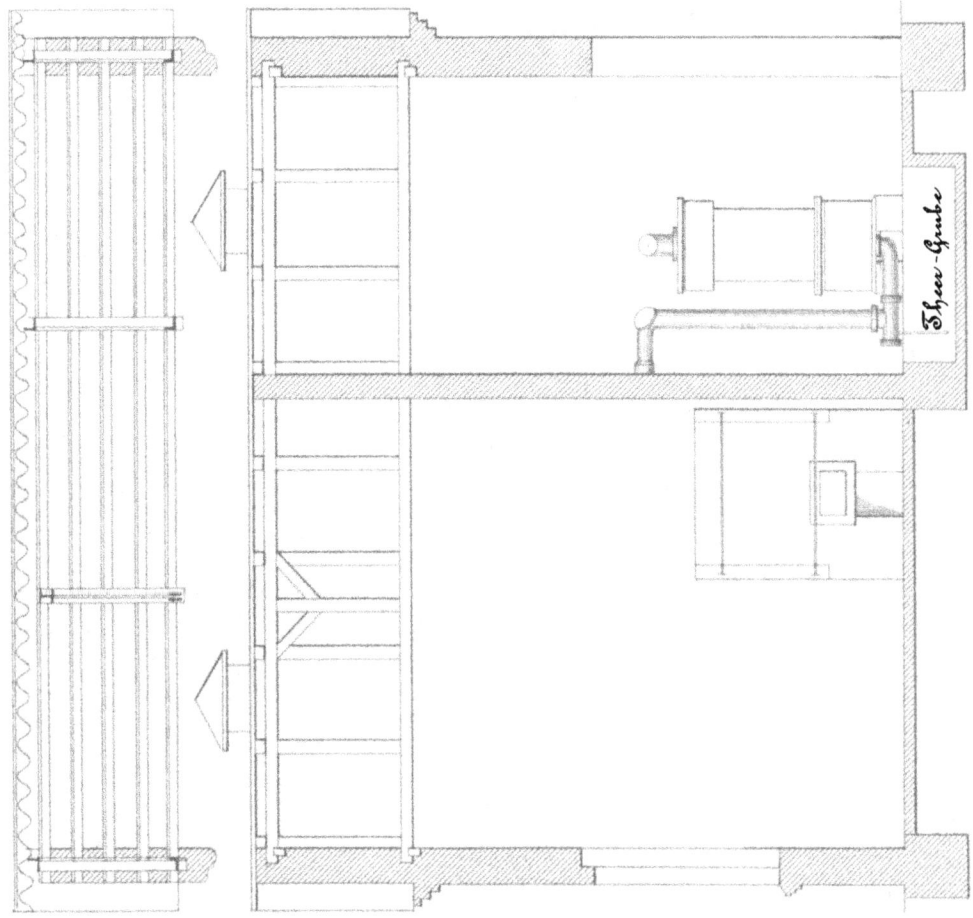

Maassft	1 : 50
Echelle	1 : 50
Scale	1 : 50

Lith.Anst.v.Joh.Huber vorm. Joh. Meises, München.

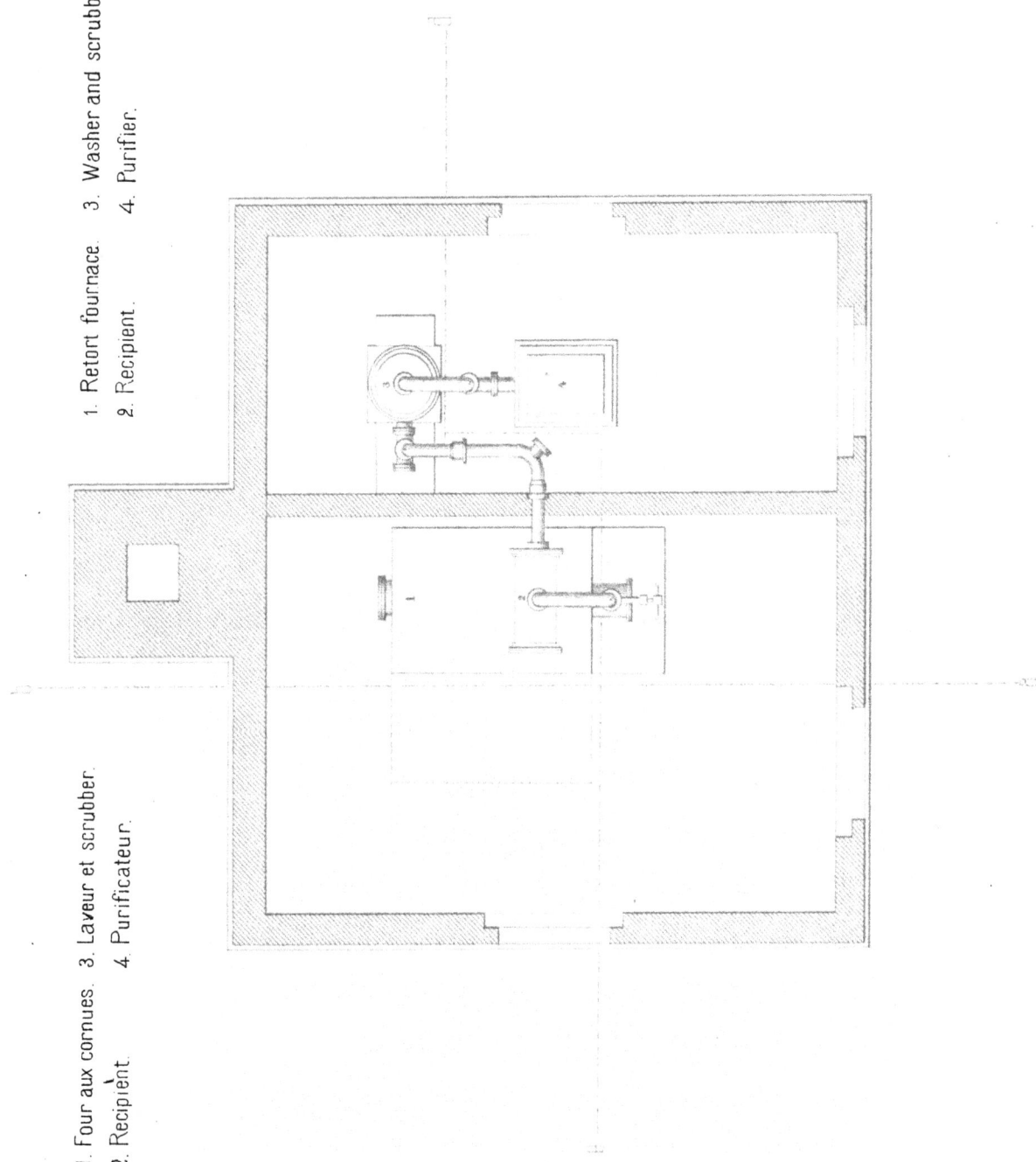

Diagramme D.
Plan.
Sketch D.
Plan.

1. Retortenofen.   3. Wasch u Scrubber.
2. Vorlage.   4. Reiniger.

1. Retort fournace.   3. Washer and scrubber.
2. Recipient.   4. Purifier.

1. Four aux cornues. 3. Laveur et scrubber.
2. Recipient.   4. Purificateur.

Maassft . . 1 : 50
Echelle . . 1 : 50
Scale . . 1 : 50

Lith. Anst. v. Jos. Huber. vorm. Joh. Maises. München

Ansicht nach a - b.
Diagramme D.
Vue selon , a - b.
Sketch D
View after a - b

Wellenblech - Dach Construction.
Construction d'un toit en tôle ondulée.
Construction of corrugated iron roofs.

Holz - Dach Construction.
Construction d'un toit en bois.
Construction of wooden roofs.

10 Meter.

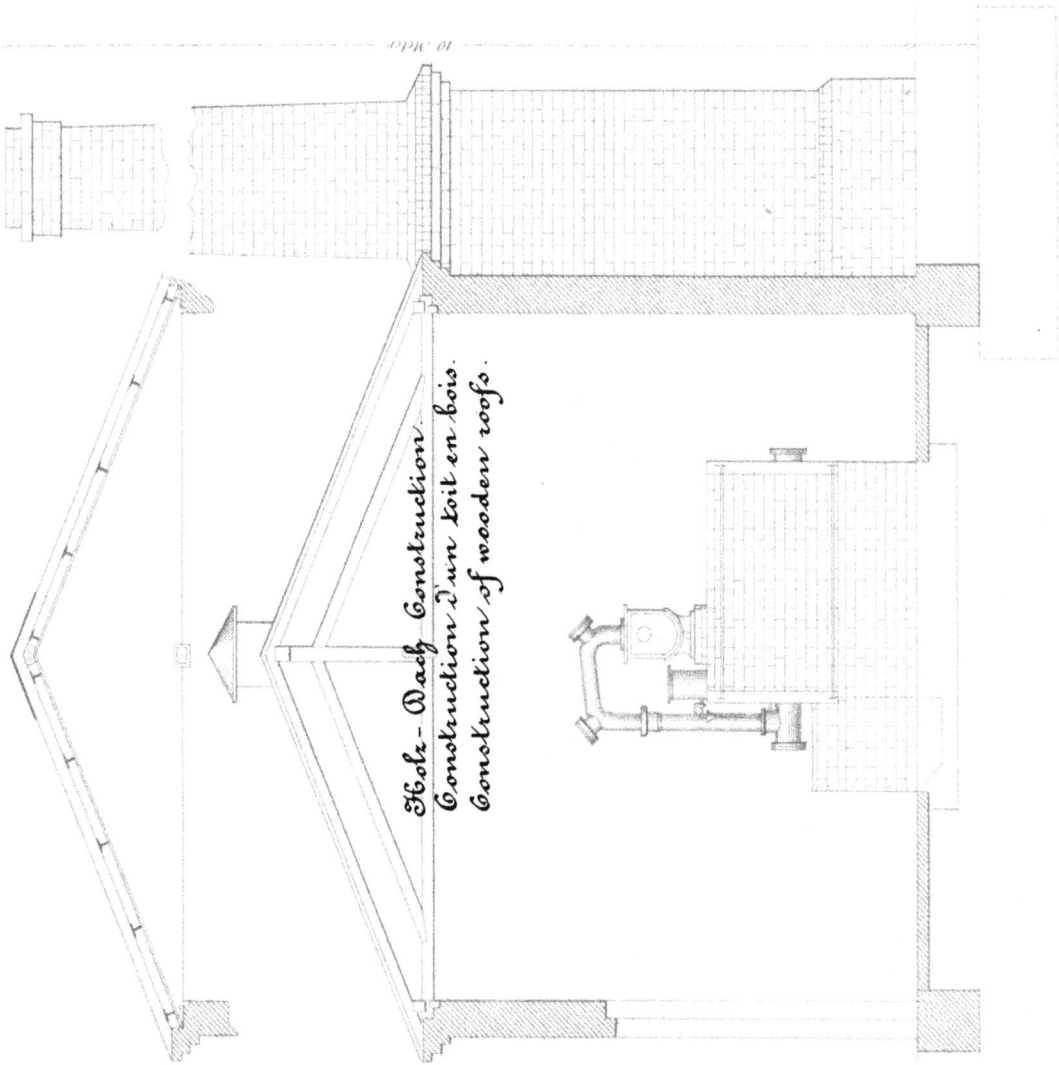

Maassft. 1 : 50
Echelle. 1 : 50.
Scale. 1 : 50

Le robinet d'essai et le manomètre aux cornues sont appliqués dans le tuyau de sortie.

Diagramme *C* est une maison à gaz isolée, propre à être établie dans les villes, gares etc., en général dans des fabriques à gaz pour l'emploi commercial. La fabrication pourra s'augmenter par l'établissement de deux autres fours doubles au point que l'appareil suffirait déjà pour une ville de 20 000 habitants. Si l'appareil est établi rien que pour le besoin particulier, le compteur de gaz et le régulateur de la pression pourront être épargnés; ce n'en est pas de même avec un établissement public, où les deux appareils sont indispensablement nécessaires. La fabrique à gaz, diagramme *C* renferme rien que les deux espaces pour la production. Il n'est pas nécessaire que la demeure du directeur ou du contre-maître, des ouvriers soit au voisinage de la fabrique, parce que pour la plupart des cas le travail nocturne se bornera à l'entretien du chauffage des cornues. Au contraire, il est bon de construire une remise à charbon pour garder le matériel pour le chauffage en dessous des cornues. En construisant de plus grands appareils, il faudra faire attention à ce que le placement en soit de manière qu'un chemin pour les voitures puisse passer près de la fabrique, ou que du moins un tel chemin puisse être conduit en dehors de l'établissement à peu de frais. Encore serait-il profitable de construire toute la fabrique sur l'endroit le plus bas du terrain qu'on voudrait éclairer. Naturellement il faut prendre garde à ce que ni des innondations ni la pression non plus que des eaux souterraines n'incommodent. Il faudra de plus que les décharges entières de goudron soient conduites de suite par des tuyaux en dehors de la fabrique dans une fosse absolument dense et bien couverte. Le goudron accumulé dans l'espace aux cornues et dans celui pour la purification incommode par son odeur pénétrante. L'on pourra de même conduire les masses de condensation dans des tonneaux à huile vides.

Où des toits apyres, en tôle ondulée, ou des voûtes ne seraient pas prescrits, on pourra employer la construction en bois à couverture dure; parce qu'à une telle construction, vis-à-vis du toit en tôle ondulée, l'influence du temps n'est pas si grande quant à la pluie, la neige et le froid. Toutefois il est vrai que la construction du toit ne devra pas être choisie au dépens d'une bonne ventilation; une bonne ventilation est de la dernière importance dans une fabrique à gaz.

Diagramme *D* donne une petite maison à gaz séparée, avec une cornue transversale assez grande pour pouvoir y construire une seconde cornue à côté d'elle; cet établissement est propre en bien des cas pour des appareils à l'usage particulier. La construction du toit est indiquée en bois de même qu'en tôle ondulée; une tour à cheval cependant n'y est pas, mais à sa place des calottes à ventilation offrant l'avantage de retenir le froid etc. et suffisant parfaitement dans de si petites fabriques. Les ordonnances de la police des bâtiments de beaucoup de pays exigent que l'espace pour les cornues soit absolument séparé de celui pour la purification. Elles demandent que ce dernier n'ait l'entrée que par dehors ou qu'il ne soit accessible du moins que par un espace où l'on n'emploie aucun éclairage ou n'entretienne aucun feu. De plus, l'espace pour la purification ne doit être approché par aucune chandelle, ce que les principes les plus simples de précaution exigent déjà: l'éclairage devra donc être opéré par dehors, par une lanterne, au moyen d'une fenêtre. Dans beaucoup de pays, et en général, les ordonnances de la police des bâtiments vont trop loin à l'égard des fabriques à gaz d'huile, ce qui vient probablement de ce qu'on taxe de telles fabriques comme étant les mêmes que celles à gaz carbone, et qu'on suppose un grand danger d'explosion des matières liquides dans la production de gaz. Au Wurtemberg, par exemple, pour les fabriques à gaz d'huile un toit voûté ou en fer — tôle ondulée — est de rigueur. Ce sont des conditions bien coûteuses et bien dures, et il serait à désirer instamment que ces ordonnances rendissent moins incommode l'établissement de fabriques pareilles absolument sûres. Dans la fabrication du gaz d'huile il ne se développe ni des vapeurs libres ni des gaz, parce que les cornues ne sont pas chargées et que la production se fait plutôt dans des cornues closes et pourra être arrêtée sur-le-champ. Le travail nocturne n'aura lieu que dans des occasions très-rares. — Il faut prévenir d'ailleurs tout le monde sur le danger provenant des couvertures de toits voûtés; ce sont de telles constructions justement qui deviennent fatales à l'occasion d'un danger d'explosion; ce sont elles qui amènent l'explosion en contenant les gaz et en les empêchant de s'étendre. Si l'on construit le toit d'une manière légère et dégagée, offrant l'entrée à l'air, une explosion ne pourra jamais avoir lieu, qui est complètement exclue dans des fabriques à gaz d'huile où l'on travaille quelque peu avec précaution. — Pour établir une fabrique à gaz d'huile on est obligé d'en avoir la permission par la police des bâtiments qu'il faudra rechercher sous présentation d'un dessin de la construction et de la situation, en deux exemplaires. En Allemagne la permission n'est pas refusée quand la maison et le basin à gaz sont éloignés à peu près de 3 à 5 m des bâtiments habités voisins.

L'ESPACE POUR LES CORNUES.

Il renferme le four aux cornues avec le récipient. — La construction des cornues et celle des fours sont sans contredit la chose principale dans une fabrique à gaz d'huile, puisqu'il en dépend si toute la fabrique peut devenir lucrative ou non. — Les cornues employées ici sont les transversales esquissées sur planche I. Il y a quelques années, qu'on employait, contrairement au développement de la construction des cornues dans la fabrication de gaz carbone, où les premières cornues étaient verticales, rien que des cornues horizontales, tant que HÜBNER construisit la cornue verticale, qui fut perfectionnée par SCHUMANN et qui, après SUCKOW, fut adoptée par MARING et MERTZ. Les cornues les plus usitées maintenant en sont les rondes, ovales, en forme de ⌒, et les cornues verticales. Dans les temps récens HIRZEL emploie des cornues, voir profil F planche I, lesquelles furent de construction semblable à celles employées déjà auparavant par RIEDINGER. La forme la mieux trouvée pour les cornues transversales est sans contredit celle en forme de ⌒ qui est la plus fréquente. Cette forme de cornue offre aux huiles entrant par le fond de la cornue la surface unie la plus grande possible, sur laquelle les matières à gaz pourront se disperser de suite et avec succès. Dans les cornues rondes il se forme très-vite sur le fond une cannelure à huile; la fabrication du gaz produit du graphit et du goudron épais, lesquels absorbant les produits de la fabrication d'huile empêchent la complète distillation lucrative. De cette manière il reste dans la cornue des résidus épais qui la bouchent peu à peu. Les cornues ovales valent déjà mieux; mais on y fera la même observation, quoique dans un plus petit degré. — De tous les essais il résultait que les huiles ne produisent du gaz en abondance qu'à des cornues ardentes, mais non dans un espace ardent. Plus on offre de parois au matériel à gaz, plus le procès de distillation sera vite et abondant. La preuve en sont les cornues doubles comme nous allons le démontrer plus tard. Le matériel pour les cornues est en fonte; il est vrai cependant qu'on se sert déjà depuis des années, de cornues en pierre réfractaire; mais elles ne sont propres que pour des fabriques grandes et permanentes qui n'existent jusqu'à présent, du moins en Europe, que dans un très-petit nombre. La bonne fonte aux cornues doit avoir un certain degré de mollesse; elle ne sera ni dure ni vitreuse. Un mélange de 30 à 35 % du meilleur fer de gueuse d'Écosse avec du matériel de gueuse allemand ou anglais a prouvé fort avantageux. La fonte devra être absolument plaine; elle ne devra présenter nulle part des endroits poreux aux plans intérieurs. La longueur et le diamètre des cornues présentent d'aussi grandes diversités que les profils. Pour les grands établissements on emploie des cornues longues de 3 m, pour les petits on se sert de cornues longues de 2 m. Comme les cornues sont ouvertes des deux bouts par égard à la purification et qu'il faut qu'elles sortent du four par devant et par derrière, il n'y aura que ⅔ à ¾ de la longueur des cornues qui seront au feu et qui opéreront la production de gaz. Il faudra donc bien que la longueur d'une cornue simple soit pour le moins de 3 m, à moins qu'on n'emploie des cornues doubles et que la

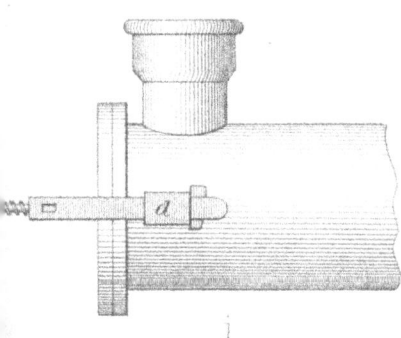

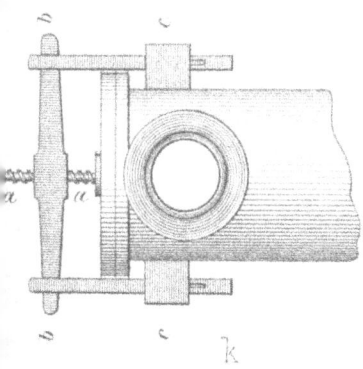

a. Hirzel's Construction
b. Barthel's   d⁰
c. Rolle's   d⁰
d. Küchler's   d⁰
e.   d⁰   d⁰
f. Riedinger Hirzel's   d⁰
g. Schweizer Constructeur unbekannt
h. Hübner-Schumann's Construction
i. Retorten Verschluss seitlich
k.   d⁰   von oben

a. Construction Hirzel	a. Construction according to Hirzel
b. Construction Barthel	b. d⁰ „ Barthel
c. Construction Rolle	c. d⁰ „ Rolle
d. Construction Küchler	d. d⁰ „ Küchler
e. idem.	e. d⁰ . „ d⁰
f. Construction Riedinger-Hirzel	f. d⁰ „ Riedinger-Hirzel
g. Constructeur suisse, inconnu.	g. Swiss Constructor, unknown.
h. Construction Hübner-Schumann	h. Construction acc. to Hübner-Schumann.
i. Fermeture de cornues, vue latérale	i. The retort-closing -devise seen from the side.
k. la même vue en plan.	k. The same seen from above.

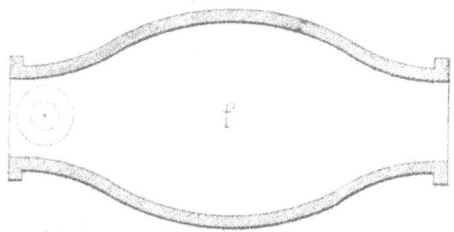

Ofen mit   stehender Retorte.

Four à   cornue verticale
FURNACE WITH   A STANDING RETORT.

Production.
per Stunde 8 Cub. Mtr.
Production
De 8 m. c. par heure
Production
of 8 c m the hour.

a. Retorte
b. Einhängerohr
c. Vorlage
d. Oelbehälter
e. Guckloch
f. Oeleinlaufroh
g. Abgangsrohr

a. Cornue
b. manchon
c. récipient
d. réservoir à huil
e. lunette
f. tuyau d'arrivé
g. tuyau de sortie

a. Retort
b. muffle tube
c. recipient
d. Oil basin
e. looking hole
f. Oil introduction
g. discharge tube

Maasst   1:2
Echelle   1:2
Scale   1:2

fabrique ne soit pas trop petite. Les cornues simples et longues de 2 m n'offrent pas assez d'espace pour le matériel à gaz; les vapeurs des huiles et les goudrons passent alors trop rapidement les parois en braise de la cornue et, exposées pendant très-peu de temps à la temperature des cornues, elles ne prennent qu'en partie la forme de gaz. En établissant une cornue horizontale on pourra se passer d'une tête de cornue séparée; en l'établissant on peut immédiatement monter la sortie sur le corps des cornues. A la cornue verticale où la sortie est relativement plus longue et où la cornue devra être montée plus haut en dehors du four à cause du manchon, une tête de cornue de même qu'une chape à part en bas de la cornue, se recommandent déjà par des raisons d'économie. La jonction du corps de la cornue avec la tête et la chape se fait par des vis. Entre les plans de jonction on met du ciment contenant 32 parties de limaille de fer, 1 partie de salmiaque et 1 partie de soufre sublimé mêlées à autant d'eau qu'on obtient une pâte épaisse.

La fermeture des cornues (planche I, diagramme *i*, vue latérale; diagramme *k*, vue d'en haut) se fait par des dômes en fer de fonte, qu'on serre sur le bord des cornues au moyen d'archets et de vis en forge. La cornue a par devant et par derrière deux orillons correspondants, joints à la cornue par la fonte, *d*, à travers desquels les verrous *b*, *c* sont passés et affermis par un coin. Aux verrous est appliquée la barre d'arrêt *bb*, renforcée au milieu et ayant un pas d'écrou pour la vis *aa*. Maintenant, quand on serre la vis *aa*, elle presse, étant retenue par la barre transversale avec verrou, sur le milieu du dôme de la cornue lequel s'applique sur le bord de la cornue. Pour avoir la densité absolue il faudra que les plans des cornues et du bord des dômes soient enduits de terre glaise, laquelle bien pétrie et mêlée à de la sciure, est couchée en pâte épaisse de 20 mm de hauteur. En serrant la vis *aa*, le scellement à glaise se comprime, et l'on obtient par là une parfaite densité contre le gaz. On ne doit pourtant pas trop serrer la vis *aa*, parce que la couche de glaise sort et que la couche de scellement devient si mince qu'après l'avoir affermie par l'action du feu, et après qu'elle est desséchée, il se fera facilement des endroits de peu de densité. La cornue horizontale a un manchon pour le tuyau de sortie; il faudra que ce manchon ait pour le moins autant de capacité qu'un tuyau de 100 mm de jour dans l'œuvre pourra y être introduit. De plus étroits tuyaux de sortie se bouchent facilement. Le manchon de cornue est fait pour la jonction aux cornues, parce qu'à l'échange de cornues la jonction avec le tuyau de sortie et le récipient pourra s'opérer avec plus de facilité qu'à la jonction à bourrelet. Celle-ci demande que la nouvelle cornue soit montée exactement dans la même position que celle qu'on a échangée — ce qui pourra à peine se faire. Aux moindres déviations de quelque millimètres à droite ou à gauche, en haut ou en bas, en avant ou en derrière, la position des autres cornues avec les tuyaux de sortie et le récipient s'altère toujours; avec la cornue verticale cela n'arrive pas. La cornue horizontale doit être en pente du côté opposé à l'entrée de l'huile, parce qu'il faut que les matériaux à gaz coulent, qu'ils n'approchent pas des dômes et ne s'accumulent pas dans l'espace aux cornues qui est dehors du feu — où ils ne pourront servir à la production de gaz. Aux cornues longues de 3 m on donne une pente de 65 mm, à celles de 2 m de long on en donne 40 à 50 mm.

Planche II représente un four à cornue verticale. La cornue est montée avec sa partie inférieure (bourrelet à calotte) sur une voûte qui sert à donner à la cornue

    1⁰ un point d'appui,

    2⁰ une entrée à la calotte de cornue pour sceller et ôter le dôme de fermeture à calotte, et pour purifier la cornue.

La calotte a une fermeture au moyen d'une vis et d'un archet passant dessus en fer de fonte, exactement comme avec la fermeture à dôme du tuyau, planche III. Le chauffage à gril plain simple est un chauffage par devant, comme il ne pourra s'arranger d'une autre manière avec la cornue verticale, et qui offre l'avantage de réduire au plus petit degré possible l'influence nuisible du jet de flammes, ce qui ce fera encore mieux par la chemise en pierre réfractaire embrassant la moitié inférieure de la cornue. La cornue est isolée dans l'espace à chauffage adapté à la forme de la cornue. Cet espace est interrompu à quatre endroits par des pierres transversales auxquelles le feu s'arrête pour ne pas passer trop vite et sans obstacle l'espace pour le chauffage. Devant la partie inférieure de la cornue en face du gril se trouve une pièce cunéiforme en pierre réfractaire pour diviser et dissiper la flamme. Sous la tête de cornue on a fourré au-dessus de la cornue un cercle à chiffons en fonte qui, couché sur les murs du four, porte toute la cornue. A *e* trois canaux de traverse entrent dans l'espace à chauffage, fermés par des caisses en tôle, sur lesquelles est serré un clapet tournant. Par ces caisses les cendres volantes s'éloignent et la température dans les cornues s'observe. Les tuyaux d'arrivée d'huile, à l'opposite l'un de l'autre, entrent sous le cercle à chiffons dans la cornue. La tête et la calotte de la cornue sont attachées sur le corps au moyen de vis et de lut à gril, et fermées comme nous l'avons décrit plus haut. Sur le dôme de la tête de cornue de même que sur le manchon deux archets pour le maniement sont rivés sur chacun d'eux.

Dans la cornue est suspendu le manchon *b* divisant l'espace en deux cylindres dont le cylindre extérieur ne s'ouvre que par en bas et l'autre par en haut. Le réservoir *d* contient le matériel pour la production de gaz qui, réglé à discrétion, s'écoule des robinets coniques vissés dudit réservoir. A la tête de cornue se joint par la fonte le tuyau de sortie *g* allongé selon la position du récipient. Le tuyau d'arrivée, plié en forme de trompette, forme par le matériel à gaz coulant dans ce tuyau une fermeture spontanée contre la pression qui se fait à la distillation dans la cornue. Le tuyau d'arrivée est fait en fonte ayant 19 mm de capacité; les courbures se font au moyen de genoux et de pièces en **T**, de sorte qu'on pourra de suite démonter le tuyau d'arrivée pour le nettoyer en cas qu'il fût bouché. Tout le four se tient joint par des coins en fonte liés deux à deux par des barres à ancre rondes, comme le représente planche VII. Le chauffage se ferme ou par une porte double en fonte ou par une porte revêtue au dedans par de la pierre réfractaire, pour empêcher ou ralentir la combustion.

Planche III représente un four à double cornue transversale. Le chauffage y est également pourvu d'un gril plain situé devant la cornue. Le four se compose de deux voûtes en plein cintre superposées. La voûte inférieure renfermant le chauffage forme la charge pour la cornue; dans la voûte inférieure deux séries de fentes se rétrécissent de derrière au devant, par lesquelles le feu arrive à la voûte supérieure pour le chauffage. La cornue a une fermeture de dôme et un manchon pour le tuyau de sortie. Elle est divisée en deux chambres par la plaque qui y est passée et couchée sur deux côtes y jointes par la fonte. Le matériel à gaz coule par devant dans la chambre inférieure, à la manière de l'appareil à alimentation dans la cornue verticale. Le scellement par ancres dans le four se fait comme nous l'avons décrit ci-dessus. La cornue n'est pas montée directement sur le faîte de la voûte inférieure, mais sur des bases en pierre réfractaire. Le matériel pour la construction des fours se compose au fondement de moëllons, au-dessus de briques; tous les endroits passés par le feu sont construits en pierres apyres — en pierres réfractaires. Les barres du gril sont faites en fonte ou en fer en □. Le tuyau d'arrivée entre dans la cornue en dehors des murs du four; c'est pourquoi il est facilement et immédiatement accessible.

Planche IV représente un four à deux cornues doubles transversales en un chauffage. L'arrangement en est exactement comme sur planche III, à l'exception que des fentes se trouvent encore au faîte de la voûte inférieure. Le feu entrant par les dites fentes est contenu par la plaque à enlever supérieure de la cornue tout par avant, pour pouvoir parvenir au canal de sortie du feu. La différence en est encore que le chauffage n'est pas établi par devant mais au-dessous des cornues. Où des fours doubles sont employés on aura aussi les cornues plus longues que dans des fours simples. Par cette raison il sera bon de fonder les cornues dans toute leur longueur et largeur sur des plaques en pierre réfractaire. Les deux voûtes du four se ferment par des chantignoles, ce qui entraîne principalement dans la voûte l'avantage de pouvoir rapidement opérer l'échange des cornues; on n'aura qu'à écarter le blocage des voûtes, et les cornues sont ouvertes pour être retirées. Le cendrier est creusé plus avant dans la terre et obliquement, pour rendre la purification plus facile; on y fait entrer de l'eau, pour

anometertertung
tuyau pour le Manomètre
Steam gauge tube

Oelbassin
Bassin à huil
Oil Basin

Vorlage.
Récipient
Recipient

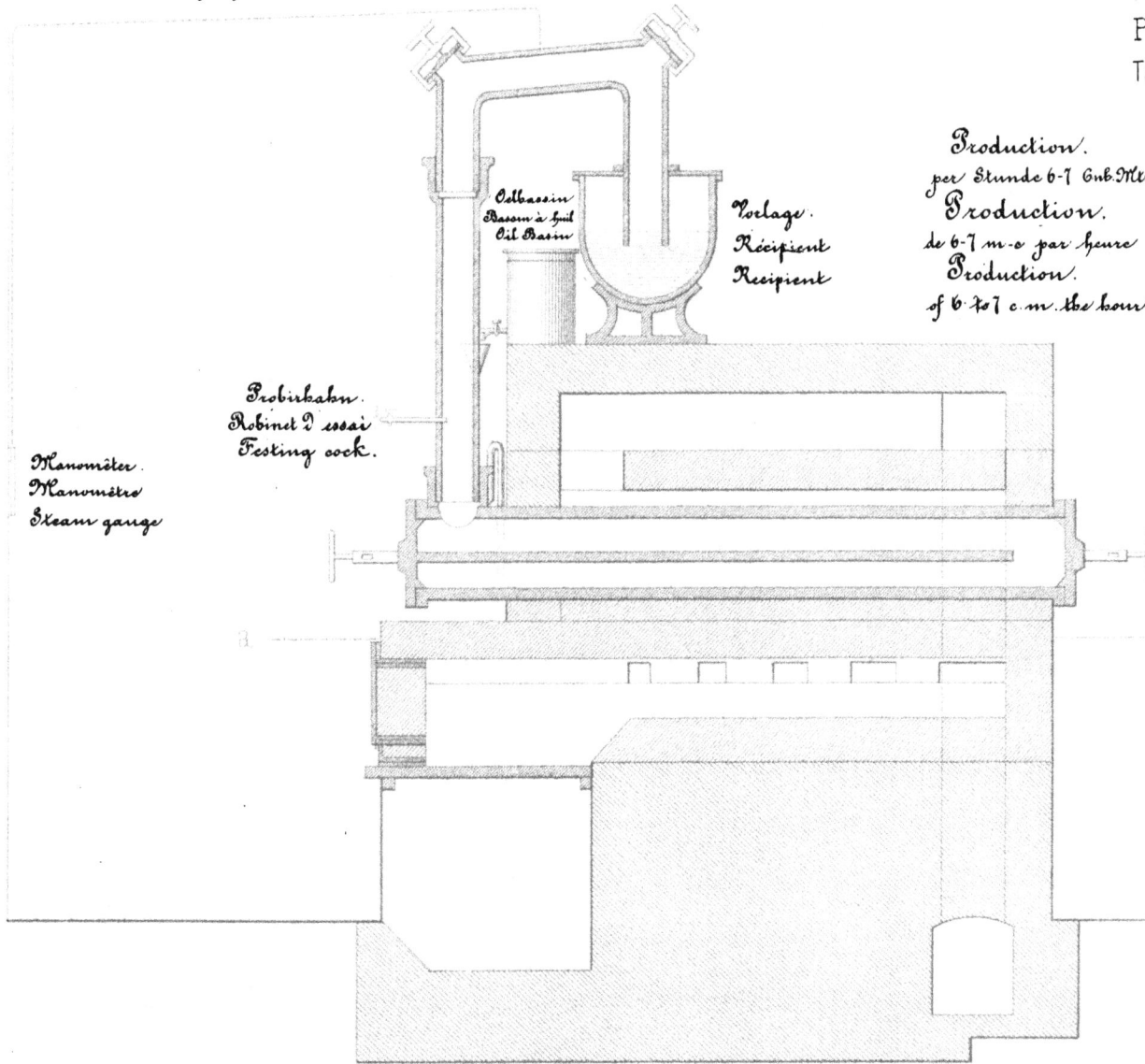

Production.
per Stunde 6-7 Cub. Mtr.
Production.
de 6-7 m-c par heure
Production.
of 6 to 7 c. m. the hour.

Probirhahn.
Robinet d'essai
Testing cock.

Manometer.
Manomètre
Steam gauge

Ofen mit Doppel-Retorte in einem Körper
Four à cornue double en un corps
FURNACE WITH DOUBLE RETORT IN ONE BODY

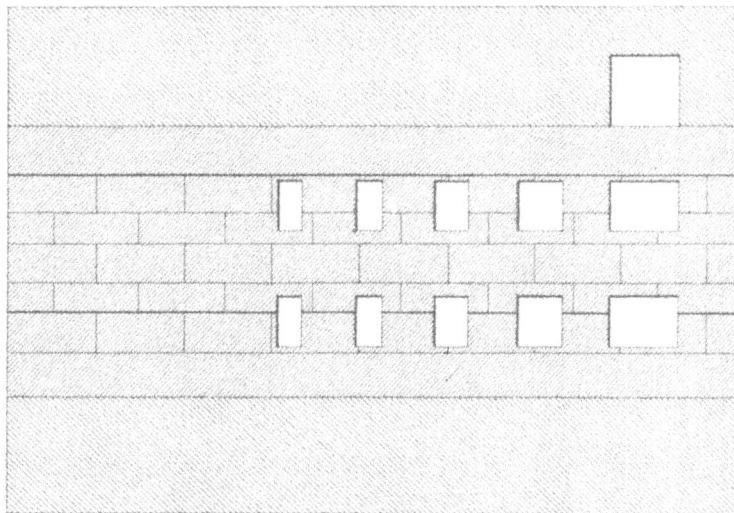

Schnitt a-b.
Coupe transversale selon a-b.
Cross section after a-b.

Maassst.   1 : 20.
Echelle   1 : 20.
Scale   1 : 20.

st. v. Jos. Huber vorm. Joh. Moses, München.

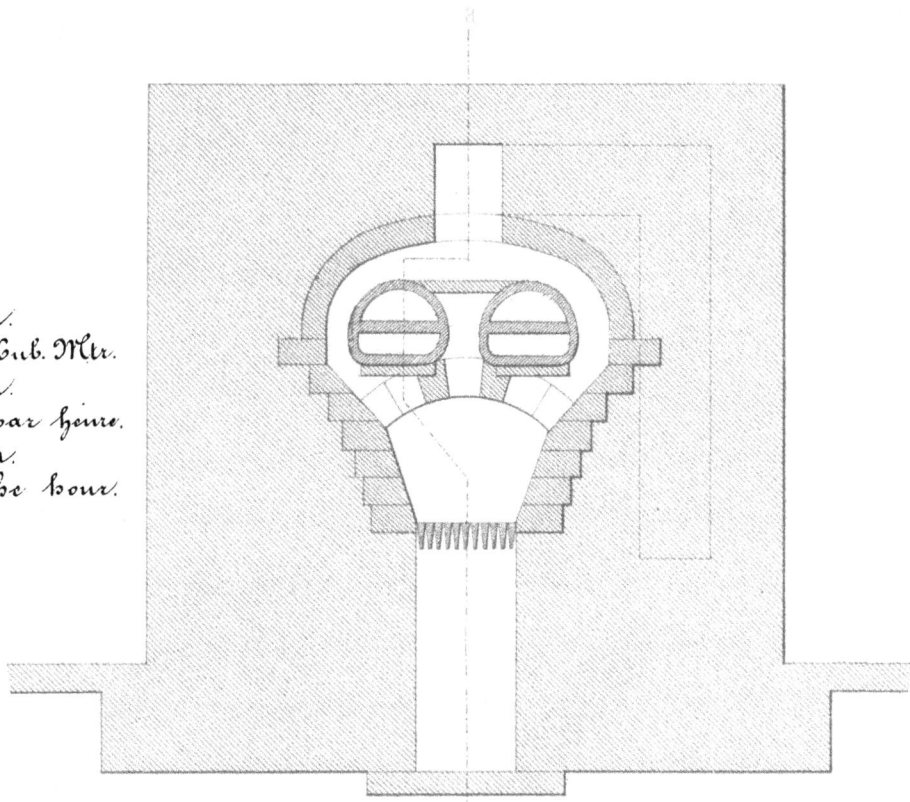

Production.
Stunde 12 - 13 Cub. Mtr.
Production.
12 à 13 m. c. par heure.
Production.
12 - 13 c. m. the hour.

Oelgas–Doppelofen zu Scizze B.

Four double a production de gaz d'huile au diagr. B.

OIL - GAS - DOUBLE - FURNACE TO SKETCH B.

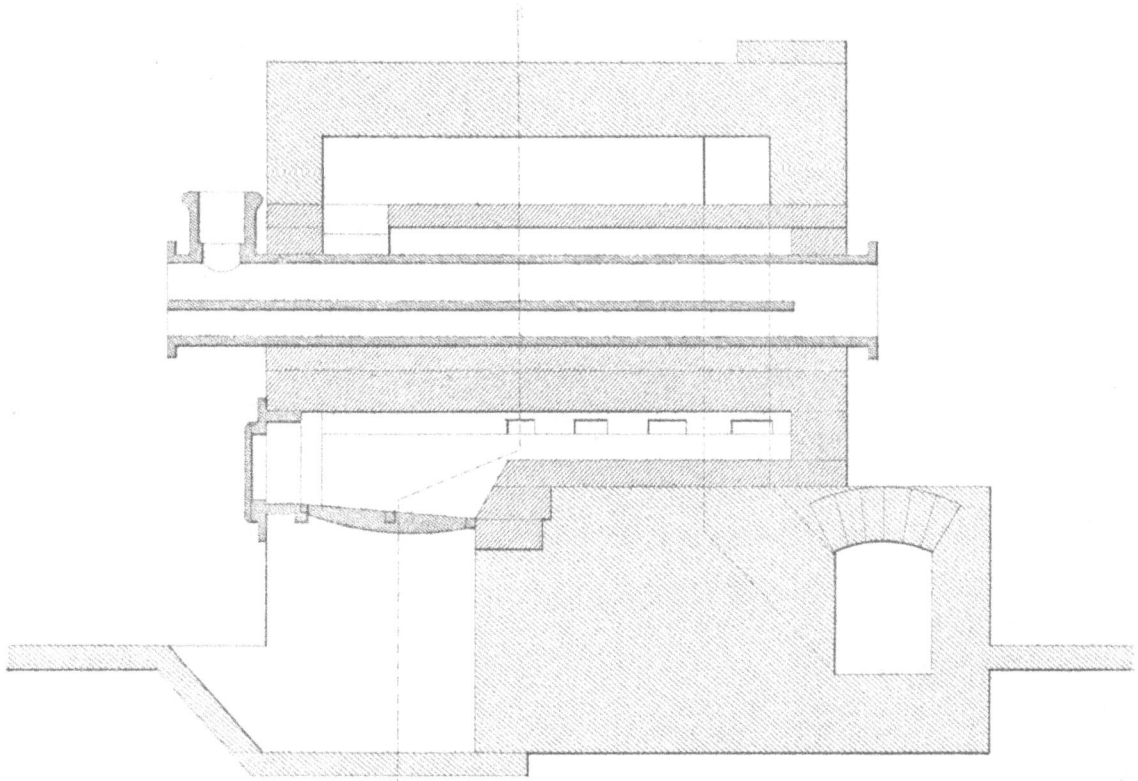

Maasst.   1 : 20

Echelle   1 : 20

Scale   1 : 20

Production
pr Stunde 3,5 - 4 Cub. Mtr.
Production.
de 3,5 - 4 c. m. par heure.
Production.
of 3,5 - 4 c. m. the hour.

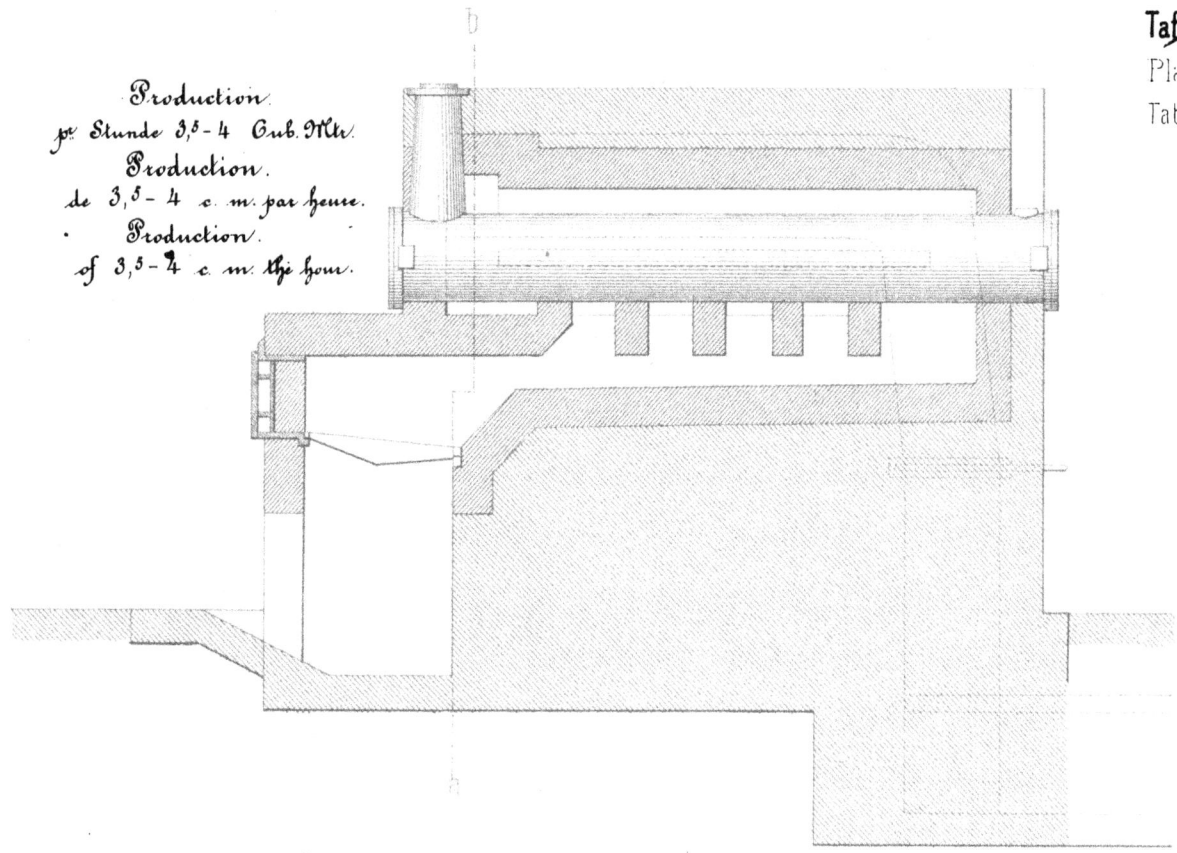

Ofen mit Runder Retorte.

Four à cornue ronde.

FURNACE WITH A ROUND RETORT.

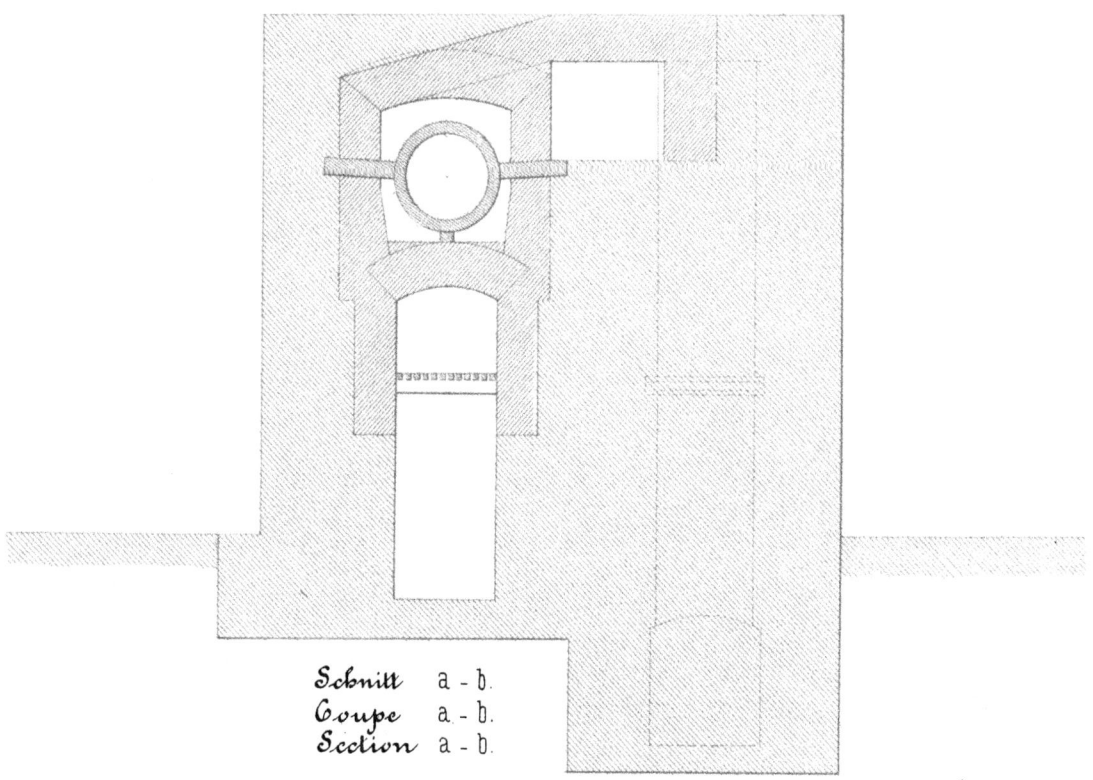

Schnitt   a - b.
Coupe   a - b.
Section   a - b.

Maassst.   1:24.

Echelle   1:24.

Scale   1:24.

Ofen mit Doppel-Retorte in 2 Körpern.

Four á cornue double en deux corps.

FOURNACE WITH DOUBLE RETORT IN 2 BODIES.

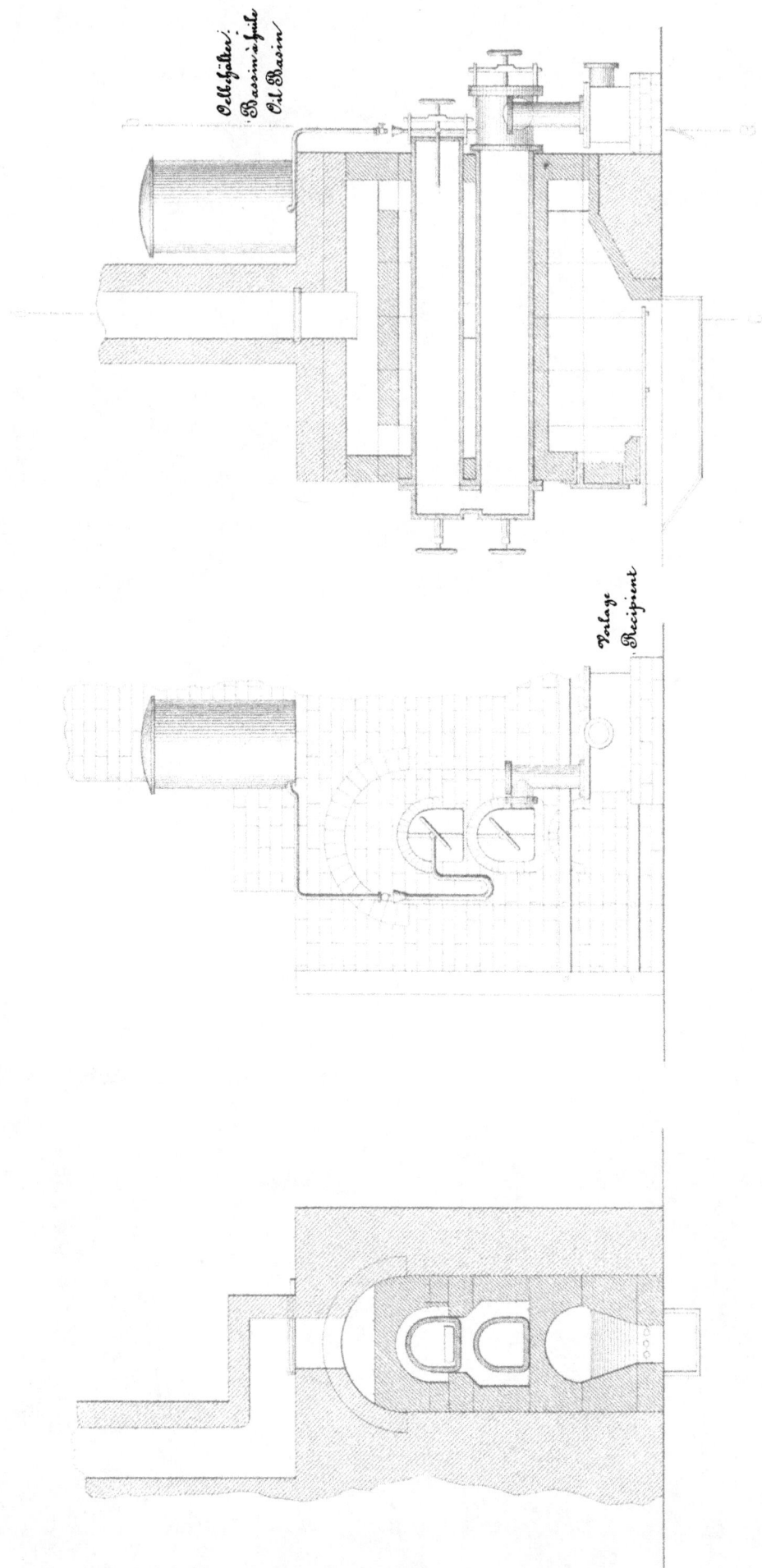

Oelbehälter.
Bassin á huile
Oil Basin

Vorlage
Recipient

Production
pr Stunde 12 – 14 Cub. Mtr.
Production.
de 12 á 14 m-c par heur.
Production:
of 12 – 14 c. m. the heur.

Maasstt   1 : 30
Echelle   1 : 30

que les cendres ardentes tombant par le gril s'éteignent de suite; que la chaleur du gril reflète, lequel se refroidit lui-même; et que l'air affluent contienne de la vapeur d'eau. Cette vapeur d'eau en produisant de l'oxide carbonique se transforme en hydrogène, lequel contribue à la combustion en flamme des matériaux de chauffage.

Planche V représente un four à cornue ronde de construction plus ancienne, dans laquelle, de même qu'auparavant, il y a deux voûtes; la cornue cependant a de chaque côté une découverte et est beaucoup plus exposée au feu qu'elle n'en est dans les précédents appareils de fours. L'arrivée de l'huile se fait dans cette cornue au bout opposé du manchon de cornue.

Planche VI représente un four double se composant de deux corps séparés ayant une commune tête. Ces deux corps sont superposés l'un à l'autre dans une commune voûte. Le feu passant par la voûte inférieure, par devant et par derrière, entre dans la voûte aux cornues, se réunit au-dessus au milieu du corps inférieur en l'embrassant, et quitte le corps supérieur en haut, analoguement à l'entrée d'en bas dans la voûte, c'est-à-dire par devant et par derrière, pour entrer directement dans la cheminée qui se trouve au milieu sur le four. L'huile entre dans le corps supérieur. Contrairement à l'arrangement de tous les appareils décrits ci-avant, le récipient n'est pas monté sur le four mais à sa base.

Lequel de ces deux systèmes de cornues, de l'horizontale ou de la verticale, offre le plus d'avantages, cela ne pourra être décidé en général et tout bref, en sens affirmatif ou négatif. A tout prendre, les cornues verticales sont plus avantageuses pour:

      1º les grandes fabriques à gaz,
      2º les matériaux à gax lourds,

car on peut construire des cornues verticales en grandes dimensions, ce qui ne peut se faire avec les cornues horizontales. Ce fait rend la cornue verticale plus productive, parce qu'on peut lui amener le matériel à plusieurs endroits avec avantage. Considérant de plus que le matériel à gaz coulant le long des parois ardents de la cornue verticale, se vaporise en se changeant en gaz et est forcé par là à se dissoudre immédiatement, on pourra employer dans une cornue pareille des huiles plus lourdes demandant une température plus haute pour la distillation. Mais en revanche l'emploi de cornues verticales rencontre quelques difficultés. La grande hauteur de tout le four rend incommode l'alimentation par les réservoirs à huile de même que l'emploi du robinet d'essai; de plus, en voulant échanger la cornue on est obligé de démonter le four dans toute sa longueur, parce qu'on ne peut sortir la cornue par en haut. Enfin, pour purifier la cornue, on est forcé d'écarter le manchon, ce qui est encore incommode, puisqu'il s'attache facilement par l'action du feu; avec tout cela le procès de purification devient plus compliqué et demande plus de temps. Tout cela n'arrive pas avec les cornues horizontales; quand même elles ne sont pas si durables que les cornues verticales, elles pourront être renouvelées avec beaucoup moins de frais; car elles n'ont pas le poids des cornues verticales et le four n'a pas besoin d'être endommagé à l'échange. Pour cet effet on n'a qu'à écarter le blocage des voûtes, au front et au revers de la voûte des cornues, et l'on pourra alors facilement échanger toute la cornue. La purification des cornues horizontales en est également plus simple; on pourra même la faire pendant la marche des appareils en interrompant l'arrivée de l'huile, en ouvrant le dôme de la cornue et en laissant la cornue achever de brûler, qui se purifie elle-même par-là. Certainement l'exploitation par les cornues horizontales est beaucoup plus simple que celle par les cornues verticales; l'on devra donc bien peser, laquelle offrira le plus grand avantage. Où l'on aura une production de 70 à 80 mètres-cubes de gaz par jour, la cornue verticale sera préférable; sans cela on prendra la cornue horizontale. Car d'un côté la rapide production de gaz, la grande solidité de la cornue verticale sont des agents très-essentiels pour les grandes fabriques, vis-à-vis desquels les incommodités mentionnées dans les cornues verticales ne s'ont de nulle importance. Pour une toute petite production de 10 à 15 mètres-cubes suffira une simple cornue horizontale en forme de ⌓ (voir la coupe transversale sur planche I d), de la longueur d'une cornue double en forme de ⊖. De plus minces constructions sont à rejeter absolument. La cornue horizontale devra avoir une base solide dans toute sa longueur ; les cornues qui ne sont appuyées que par des pierres isolées ou qui ne sont couchées que sur les murs d'enceinte du four, se plient au feu et se cassent. Qu'on n'oublie pas d'envelopper le fond des cornues horizontales, quand on les emploie beaucoup, de plaques en pierre réfractaire ; elles se réchauffent plus lentement, à la vérité, mais elles durent plus longtemps. Les fours chauffés tous les jours ne se refroidissent pas du tout. Aux cornues verticales l'influence nuisible du feu pourra se paralyser avec beaucoup plus de facilité, ce qui amène encore une plus grande consistance de la fonte des cornues.

Après le matériel des cornues et la construction des fours, le matériel pour le chauffage demande une attention particulière. L'on connaît l'influence destructive du chauffage par la houille sur le fer de fonte, laquelle provient de ce que la houille contient beaucoup de soufre ; mais ce n'est pas cela seul qui rend la houille peu propre au chauffage des cornues ; c'est plutôt parce que les cornues pourront très-facilement trop être chauffées par un tel charbon. Et quand même il arrivera à peine que la cornue se fonde, puisqu'elle se rafraîchit continuellement par l'huile qui entre, toutefois la cornue pourra avec le chauffage par le charbon de terre être très-bien chauffée et entretenue en orangé clair. Dans une température pareille cependant le procès de production de gaz n'offre pas beaucoup de bonne chance ; car dans ce cas les hydrogènes carbonés supérieurs se décomposant de nouveau, le carbone se précipite en forme de graphit et de suie, l'hydrogène se volatilise ; on dit dans ce cas : le gaz se consume dans la cornue. De cette manière une masse de matière à éclairage se perdra naturellement. S'il est vrai qu'on n'a pu jusqu'à maintenant exactement observer le procès de production de gaz dans la cornue, tant il est qu'on sait pour sûr que la plus abondante production de gaz se fait à une chaleur de couleur de cerise, c'est-à-dire à 900—1000° C. On obtiendra le mieux cette température et on l'entretiendra le plus facilement par un mélange de houille et de charbon de terre. Selon la situation de la fabrique on sera obligé d'avoir égard à des raisons économiques quant au choix du matériel de chauffage. En commençant et en continuant de chauffer la cornue il sera bon de faire attention à ce que le four soit chauffé lentement et cela avec peu de matériel pour entretenir un feu flambant et une température toujours égale dans la cornue. Qu'on laisse un temps de 8 jours pour le moins, pour que le four se dessèche, ou qu'on le chauffe 4 à 5 jours par un feu modéré, entretenu avec du bois avant de mettre les fours en action ; sans cela les murs se crèvent et le four éclate ; les plus solides scellement par ancres se cassent. L'on ne donnera pas de crépi au four, mais on le jointoie ; le crépi se détache, mais les fours jointoyés gardent plus longtemps leur air propre.

LE PROCÈS DE PRODUCTION DE GAZ DANS LA CORNUE.

Il y aura à observer ce qui suit :

1° la temperature dans les cornues,
2° l'arrivée d'huile,
3° le manomètre aux cornues,
4° le robinet d'essai.

La température dans les cornues ne devra absolument pas monter plus haut que + 1000° C. ; à une température pareille la cornue observée par la lunette aura la couleur de cerise. L'aménage du matériel à gaz se fait par un simple robinet conique et par le tuyau d'arrivée d'huile de dedans le réservoir à huile. Le robinet d'arrivée, robinet en laiton, comme sur planche III, a le bec divisé, dont une partie descend en bas, tandis que l'autre courant dans l'allongement de sa boîte se ferme par une vis. En écartant cette vis on sera en état de purifier le robinet bouché quand on fait entrer une goupille en bois ou en fer par la boîte et par l'ouverture conique du robinet. Le réservoir à huile est un vase rond ou carré en tôle; il est si grand qu'il pourra contenir autant d'huile, que les cornues y prenant leur alimentation seront en état de consommer en 2 à 3 heures. Quelque peu au-dessus du fond du réservoir à huile se trouve un crible plat couché sur un fer plat rivé aux murs; les trous du crible sont de la grandeur de pois. Beaucoup d'huiles forment déjà a $+10°$ C. une masse épaisse et grasse; en les versant sans façon au réservoir il se forme des engorgements dans l'appareil de l'arrivée d'huile. Or, le crible fait parvenir au robinet les parties claires, tandis que les parties grasses se chauffent bientôt au réservoir par la chaleur émanant du four.

Les tuyaux d'arrivée à leur tour sont protégés avec succès d'être salis, en entourant les filtres d'un réseau à mailles minces en fil de laiton; les sables et d'autres substances salissantes y restent attachés. Des huiles grasses ou qui se cristallisent facilement devront être réchauffées avant la production en les plaçant, après les avoir versées dans un vase en tôle, sur un endroit du canal de sortie du feu; cet endroit sera couvert seulement par une plaque en pierre réfractaire, épaisse de 25 à 30 mm, ou par une plaque mince en fer. Le manomètre aux cornues se compose de deux tuyaux en verre correspondants attachés à une échelle, et qu'on remplit d'eau; cette échelle est divisée en mesures usitées au pays. La jonction du manomètre avec la cornue se fait, comme nous l'avons décrit sur planche III, par un tuyau en fer de forge, long de 10 mm de ligne de résistance, lequel d'un côté est vissé dans le tuyau de montée de la cornue; et de l'autre côté joint par un tuyau en caoutchouc aux tuyaux du manomètre. Le conduit du manomètre sort du tuyau de montée en s'élevant justement à la hauteur de 0,50 m à 1 m, pour que les substances goudronneuses du gaz refluent en se condensant; au point le plus bas du conduit à manomètre est arrangé un sac à goudron. Le robinet d'essai est un robinet à outre, long de 10 mm en ligne de résistance, vissé sur un tuyau à gaz court qui s'établit dans le tuyau de sortie. Ce robinet entre le plus près possible de la tête à cornue ou au manchon, pour qu'en ouvrant le robinet d'essai des gaz de couleur égale à celle des gaz venant de la cornue en sortent. Maintenant au procès de production de gaz les parties mentionnées plus haut se manient de la manière suivante:

Dès que la cornue est couleur de cerise, ce qui demande 3 à 5 heures pour les cornues verticales, 1 à 2 heures pour les horizontales, le robinet d'arrivée est ouvert tant qu'il entre autant d'huile qu'il faut pour pousser le manomètre à une pression de 75 à 100 mm après quelques minutes. La colonne d'eau devra monter et descendre dans une différence de niveau de 6 à 10 mm. En ouvrant le robinet d'essai une vapeur en sortira de couleur blanche bleuâtre, si la distillation est regulière. Le manomètre et le robinet d'essai sont des instruments simples, se contrôlant immédiatement, mais dont le maniement doit être bien compris, avant qu'on puisse fabriquer du gaz d'huile.

Si la pression sur le manomètre monte au delà de 125 mm, à part l'enfoncement dans le récipient et le lavage et la pression du gazomètre réglés, ou il entre

  a) trop d'huile, et les produits de distillation ont trop de tension par leur grand volume, ou
  b) il s'est fait un engorgement, ou
  c) le réservoir à gaz se serre, c'est-à-dire il est empêché de monter librement.

Dans un cas pareil on ouvrira d'abord le robinet d'essai; s'il en sort une vapeur blanche à gros flocons, l'arrivée d'huile est trop forte; si au contraire le robinet fait sortir une vapeur brune clair, il y aura un dérangement tel que nous l'avons décrit à b ou c.

Si la pression du manomètre est moins de 60 mm et que sa colonne d'eau ne soit point ou peu en mouvement, ou

     1⁰ il entre trop d'huile, ou

     2⁰ la cornue est trop chaude, ou

     3⁰ elle n'a pas assez de chaleur ;

dans ce cas, en ouvrant le robinet d'essai, il fera voir :

     à 1⁰ et 2⁰ une vapeur mince, de couleur brunâtre ;

     à 3⁰ une vapeur tout épaisse, blanche, à flocons, entremêlée de substances liquides et goudronneuses.

Comme l'on voit, les dérangements sont faciles à trouver, et le procès de production se réglera de suite. La même chose se déchiffrera au manomètre dans son effet et se reconnaîtra par le robinet d'essai ; il sera même possible de trouver, en cas d'engorgements, tout de suite l'endroit en question en donnant une construction particulière de manomètre non-seulement à la cornue, mais aussi à chaque appareil, surtout au gazomètre ; ces constructions se réuniront dans l'espace pour les cornues dans une seule et même caisse. Un coup d'œil jeté sur la tablette aux manomètres fera tout de suite reconnaître le dérangement ; l'appareil dérangé ou le tuyau de jonction mitoyen feront voir alors de considérables différences de pression. Le manomètre aux cornues est indispensable au même degré qu'on ne pourra se passer du manomètre d'une chaudière ou de la soupape de sûreté ; c'est la même chose avec le robinet d'essai. Les suites d'un chauffage outré de la cornue sont sous tous les rapports nuisibles en premier lieu au matériel de production, en second lieu sur la production du gaz même, tandis qu'une température trop basse porte préjudice seulement au produit en gaz.

Dans le premier cas c'est le gaz qui se consume dans les cornues, comme nous venons de le démontrer ; dans l'autre ce ne sont que les huiles volatiles qui se distillent, et ce ne sont qu'elles qui se transforment en gaz, tandis que les huiles lourdes ne prenant que la forme de vapeur ou ne se vaporisant pas du tout, sortent de suite en goudron ; et tandis que les parties vaporeuses ne se condensent, en se changeant en goudron, que dans les appareils. De cette manière on produira un gaz d'un poids spécifique léger, ou trop de goudron. Une faible arrivée d'huile, à une température juste dans les cornues, n'est pas nuisible au produit quant à sa quantité, mais bien à sa qualité ; de cette manière on produira plus de gaz, mais il sera d'un poids spécifique plus léger, et plus faible pour l'éclairage. Les plans du gril des fours, mentionnés sur les planches précédentes, suffiront pour toute espèce de matériel de chauffage (la houille claire cependant ne pourra jamais s'employer sur le gril plain pour le chauffage des cornues). Le canal de sortie pour le feu dans les cornues devra se rapporter selon la hauteur de la cheminée à ½ à ⅓ de la coupe transversale du plan du gril. Des tiroirs en fonte (ceux en fer de forge se consument vite) sont nécessaires, surtout pour les hautes cheminées et le courant d'air dru. L'on a fait bien des essais avec les différentes constructions de cornues, parce que c'est justement de l'établissement avantageux des cornues que dépend le revenu de toute la fabrique. On se voit en général réduit aux cornues en fonte, parce que l'éclairage par le gaz d'huile se fait dans de petites dimensions ; avec cela une production continuelle n'est pas nécessaire, puisqu'encore la production de ce gaz en est si rapide, et que la consommation ne pourra être que très-minime, vu la grande force d'éclairage.

Les cornues en pierre réfractaire qui, comme l'on sait, devront être chauffées continuellement, ont été mises en usages par RIEDINGER ; de telles cornues s'emploient depuis longtemps dans une des plus grandes fabriques publiques à Schio en Italie ; c'est là qu'on se sert pour la production de gaz, de l'huile schisteuse bitumineuse. L'on dit que les résultats en sont bons ; d'autres fabriques particulières et publiques vont introduire aussi sans doute successivement les cornues en pierre réfractaire, et cela avec d'autant plus de profit qu'on pourra produire avec ce matériel pour les cornues de l'hydrogène carboné, ce qui avec des cornues en fonte a prouvé peu lucratif à cause de l'usure rapide du matériel. SELLIQUE a déjà produit du gaz hydrogène carboné en 1834 à Paris, en employant la schiste bitumineuse,

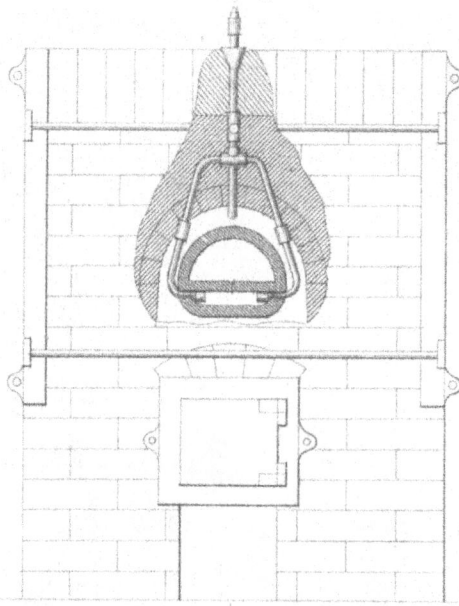

a

Hydrocarbongas Retorten-Ofen.

Four à cornue pour le gas hydrogène carbone.

HYDROCARBON-GAS RETORT-FURNACE.

Wasser Behälter.
Réservoir à eau.
Water-basin.

Schnitt a-b.
Coupe a-b.
Section a-b.

Oel Behälter
Bassin à huile
Oil Basin

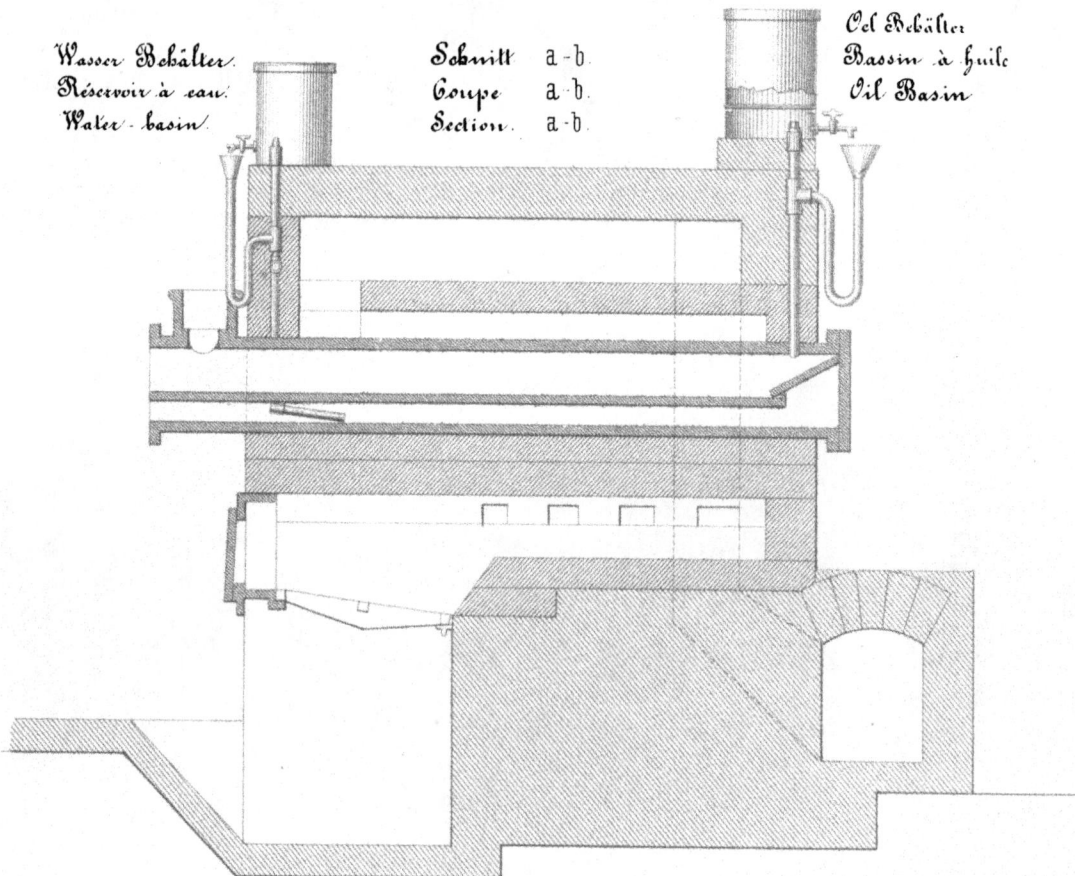

de même que WHITE en Angleterre en 1851 au moyen d'huile et de résine (plus tard de charbon nommé cannel coal); plus tard encore aussi LEPRINCE a employé du charbon gras, tandis que GILLARD introduisit même du gaz hydrogène pur en 1850 à Passy près de Paris. Tandis que toutes ces méthodes ne pouvaient se propager, on a de nouveau fait attention dans les temps récents au gaz hydrogène carboné, et à cet égard nous aussi avons fait beaucoup d'essais, qui cependant n'ont pas eu de succès définitif jusqu'à présent, mais que nous avons jugés à propos de faire connaître ici, pour porter d'autres à faire des essais pareils. Ce n'est pas à contester que cette méthode ne soit fondée sur un principe très-raisonnable. L'hydrogène n'est qu'un moyen, il absorbe les hydrogènes carbonés et les vapeurs en les empêchant de se décomposer ou de se condenser. C'est par là qu'on obtient un surcroît considérable de volumes de gaz sans porter atteinte à la force d'éclairage du gaz, et sans augmenter les frais de production. Le procédé en est tel:

La cornue selon planche VII, en fonte de la forme de ⊜, est divisée en deux espaces; l'espace supérieur plus haut (chambre) est destiné à changer l'huile en gaz, tandis que l'autre, l'espace inférieur plus bas, produit l'hydrogène rouge; pour cet effet il est rempli de coke et de limaille de fer, sur lesquels on fait tomber des gouttes d'eau au moyen d'un tuyau plié en forme de trompette. L'eau se trouve au premier espace, le réservoir à eau; son écoulement se règle par un petit robinet. L'arrivée de l'huile se fait, comme nous l'avons décrit plus haut, dans la chambre aux cornues inférieure. La fermeture des cornues et leur entourage de murs est exactement comme auparavant. Le fond intermédiaire de la cornue est exactement attenant par devant au dôme de fermeture de la cornue, s'engrenant dans un renton fixé par la fonte au côté intérieur du dôme; mais ce fond intermédiaire est bien distant du dôme au revers de la cornue; et c'est de cette manière que la réunion de ces deux chambres est établie. Au dôme au revers de la cornue, il y a une gouttière à huile, recevant le matériel de production et le conduisant dans l'espace supérieur de la cornue. Aussitôt que la cornue atteint la couleur de cerise et que l'arrivée de l'huile commence, il se forme dans la chambre supérieure des vapeurs d'huile et des gaz; en même temps l'arrivée de l'eau commence, et selon l'espèce du matériel on fait entrer 40, tout au plus 100 gouttes d'eau par minute. Les gouttes d'eau se vaporisent, l'oxigène est absorbé par les carbones solides en braise; l'hydrogène délivré au contraire passant par la chambre inférieure par derrière pourra se mêler aux vapeurs d'huile et aux gaz, au moment de leur transformation. Or, à cette fabrication de gaz d'huile le surplus de carbone se sépare et entre en liaison gazéiforme avec l'hydrogène. Ces carbones, superflus pour ainsi dire, sont perdus quand ils ne se mêlent pas à l'hydrogène; c'est-à-dire ils ne prennent pas la forme de gaz, mais vont se condenser ou se décomposer en graphit, suie etc.

L'influence de l'hydrogène a un succès surprenant; avec 60 gouttes d'eau par minute on produisait par de l'huile minérale d'un poids spécifique de 0,880/890, 1340 pieds cubes anglais. Le précipité de goudron se rapportait à 15—18%, c'est-à-dire un surplus de 33⅓% en gaz, 50% de moins en goudron. Le gaz hydrogène carboné gagné de cette manière a la force d'éclairage suivante, d'après les recherches faites par MM. les docteurs LAUBER et KLINGER de l'Institut d'Industrie à Stuttgart:

Consommation par heure en pieds cubes anglais	Pression sous le bec	Force d'éclairage. Bougies normales
0,60	11 mm	5,8
0,80	12 „	7,0
1,00	15 „	10,5

Le poids spécifique du gaz à +18° C. est de 0,748. Les cornues offrent un résidu sec, grenu et détaché. Le gaz brûlait avec une lumière blanche agréable. Le même procédé a été employé par HIRZEL avec cette différence qu'il produisait le gaz hydrogène carboné dans deux cornues séparées.

Par une suite d'autres résultats de production gagnés par des fabriques à gaz hydrogène carboné il s'ensuit évidemment que la méthode est raisonnable; elle a aussi une importance toute particulière pour l'emploi du gaz d'huile, en ce que le gaz d'huile devient raréfié (moins carboné) et incline moins à noircir par la suie, et qu'il se prête mieux au chauffage et à la soudure, à cause de son contenu supérieur en hydrogène.

Ce procédé pourtant n'a pu se conserver dans la pratique, parce que l'usure des cornues était trop rapide; après 1 à 2 mois déjà la cornue en fonte avait de profondes crevasses, qui se réduisaient rien qu'à la décomposition par l'eau et à l'action de l'oxigène qui y était absorbé. D'après ce que nous en savons, RIEDINGER emploie pour la cornue à gaz d'huile en pierre réfractaire la décomposition d'eau; mais il l'opère dans une cornue séparée en fonte et en forme de tuyau, en conduisant l'hydrogène délivré dans la cornue en pierre réfractaire. A un tel procédé naturellement ce n'est que le tuyau en fonte qui est sujet à l'usure rapide, ce qui n'est pas d'une trop grande conséquence économique. Après nos premiers essais favorables avec ce procédé, une vingtaine de fabriques à gaz d'huile adoptèrent la cornue double au gaz hydrogène carboné; mais voyant que l'usure des cornues était par beaucoup trop rapide, il leur fallait renoncer à la nouvelle méthode. Voulant cependant achever d'employer les cornues qu'on possédait, on cessait de faire arriver de l'eau, en introduisant à sa place l'huile dans la chambre aux cornues inférieure. De cette manière il était évident que la production devenait double, les vapeurs et les gaz étant forcés de passer d'abord par la chambre inférieure, puis par la chambre supérieure. Les résultats en étaient excellents; les voici:

Cornue simple en forme de ◠

Production de 255 pieds cubes par heure,

„   „   900   „   „   „   50 kg.

Cornue double en forme de ◠

Production de 296 pieds cubes par heure,

„   „   1155   „   „   „   50 kg;

par conséquent un surplus de 28,3 $^0/_0$ de 50 kg d'huile; production de gaz plus rapide de 16 $^0/_0$.

La force d'éclairage n'offrait pas de changement. Les résidus de goudron se réduisaient à 20—25 $^0/_0$. La cornue, tant qu'elle était au feu, restait toute propre. C'est de cette manière que notre cornue double se développait telle qu'elle s'introduisait depuis trois ans dans plus de 100 fabriques et qu'elle prouvait partout très-avantageuse. Au principe ce n'est pas une nouvelle construction. PINTSCH emploie depuis longtemps des cornues doubles, lui et plusieurs autres techniciens en gaz d'huile; mais il superpose deux corps de cornues ayant une commune tête. Planche VI a représenté un four pareil à cornue double. Notre cornue au contraire est une cornue double en elle; ce qui a prouvé plus avantageux. L'établissement du chauffage dans la cornue double en deux corps ne pourra jamais s'arranger de manière que les deux corps se chauffent et s'étendent au même degré; c'est pourquoi il se fera facilement des crevasses à l'endroit où la tête de cornue joint les deux cornues. De plus, cette tête est ouverte, c'est par elle que les gaz et les vapeurs passent en se rafraîchissant, c'est une interruption de la production de gaz; enfin une cornue pareille pèsera toujours le double de celle de notre construction; l'établissement en est plus coûteux de même que l'entretien et le renouvellement, et en dernier lieu aussi le chauffage au-dessous du four.

Quant à la purification des cornues on en a deux méthodes, savoir:

1° la purification chaude, s'opérant quand on laisse la cornue achever de brûler, lorsqu'elle est ardente, ou

2° la purification froide, quand on écarte mécaniquement les résidus après le refroidissement de la cornue.

La purification chaude est nécessaire partout où les cornues sont continuellement employées. Où cela n'est pas le cas, il sera bon de n'employer que la purification froide, parce qu'elle use moins le matériel des cornues. Pour cet effet, après avoir complètement fermé les cornues, on les laisse se refroidir, après quoi on détache les résidus compactes au moyen d'une barre en rond, aplatie par devant en forme de ciseau. Si l'on est obligé de laisser la cornue achever de brûler, on le fait de sorte qu'on n'ouvre pas les deux fermetures à la fois, mais d'obord l'une et ensuite l'autre de façon que toujours l'une des deux reste fermée. De cette manière on évite l'entrée de l'air dans la cornue et son refroidissement subit, lequel cause souvent une fracture dans la cornue. L'on raccommode les cornues horizontales crevassées, ou cassées, d'une manière pratique en entourant la crevasse d'un large fer plat ou de tôle à chaudière embrassant toute la cornue. Le fer qu'on ira y appliquer doit être blanc au feu; on le joint de plus avec la cornue par des rivets ou des vis. Une telle cornue raccommodée aura repris toute sa continuité après avoir été employée plusieurs fois. Un ciment praticable pour des cornues en fonte n'existe pas jusq'à présent. Les tuyaux de sortie sont directement contiguës au manchon ou à la tête du manchon de cornue; leur forme la plus usitée pour les cornues horizontales selon planche III varie beaucoup. La chose principale est que les divers tuyaux aient une jonction à bourrelet entre eux et qu'ils soient pourvus de genoux avec des dômes à purification, pour qu'on puisse non-seulement opérer la purification de suite, mais qu'il soit aussi possible de démonter les tuyaux sans façons. Dans ces tuyaux sont fixés le robinet d'essai et le manomètre.

La capacité des tuyaux de sortie qu'on subdivise en tuyaux de montée, de passage et à plonger, dépend toujours de la grandeur de la cornue et de son maximum de production. La capacité n'est pas au-dessous de 100 mm et ne surpasse pas 150 mm. Des tuyaux plus spacieux rendent leur établissement plus coûteux, sans nécessité; et de plus étroits sont désavantageux, parce qu'ils se bouchent beaucoup plus vite. Le gaz et les vapeurs ardentes sortant de la cornue se condensent déjà en partie, sans qu'on puisse l'empêcher, dans les tuyaux de sortie, et plus ceux-ci sont étroits, plus le refroidissement et l'engorgement sont rapides. Les tuyaux de sortie conduisent le gaz et les vapeurs au récipient sur le chemin le plus court possible; plus le chemin est court, plus c'est bon. Que le récipient soit sur le four ou à son côté ou à sa base, cela est égal; le but en est purement de conduire le plus vite possible les produits des cornues dans un commun accumulateur, de les y enfermer avant leur rentrée dans la cornue et de les condenser déjà dans ce collecteur le plus productivement possible.

Le placement de ce récipient (hydraulique, puisqu'il opère une fermeture par l'eau) ne dépend que de l'établissement des cornues; et qu'on tienne cela pour dit que, comme nous l'avons dit, de recueillir le plus tôt possible les produits des cornues dans le récipient. Si l'on peut y joindre encore l'avantage que le récipient soit séparé dans l'air, mais non au voisinage de corps exhalant de la chaleur, leur but est accompli dans tous les sens et à la plus grande perfection. Pour obtenir un plus grand espace pour le rafraîchissement et l'accumulation, on construit le récipient en forme de U. Il est fabriqué en tôle de l'épaisseur de 2 mm, pourvu d'un trou d'homme à curage, le dôme attaché par un écrou, pour l'ôter commodément. Planches II et III représentent le récipient en coupe transversale, les diagrammes pour les appareils à gaz à vue latérale et en plan. Les récipients en fonte sont plus coûteux et n'offrent pas plus d'avantage; il est vrai qu'ils se réchauffent plus lentement, mais une fois chauds ils ne rafraîchissent plus si abondamment les produits de distillation. Il est avantageux en tout cas de rafraîchir le récipient mécaniquement en l'arrosant avec de l'eau, ou en renouvelant ou en conservant froide l'eau du récipient par l'entrée continuelle d'eau fraîche.

Les produits de distillation parviennent au récipient par le tuyau à plonger; celui-ci s'enfonce de 40 mm dans le fluide; par cette raison les produits de distillation sont forcés à pénétrer de dessous le fluide, et par là ils se rafraîchissent non-seulement, mais ils sont encore complètement séparés de la cornue, de sorte qu'on pourra ouvrir la cornue sans que les gaz au récipient puissent y rentrer.

Les gaz sortent du récipient en même temps que les matières de condensation ou par un tuyau conduisant en haut pour parvenir à l'espace pour la purification. Dans le premier cas on n'a pas besoin d'établir dans l'espace aux cornues un collecteur de condensation spécial, ce qui ne serait pas avantageux, mais les produits de condensation arrivent à un commun collecteur de goudron dans l'espace aux cornues. — On a essayé aussi d'alimenter la cornue par le récipient, en le remplissant du matériel à production, et en le remplaçant par une arrivée continuelle d'huile; par un tel procédé les matières de condensation (goudron) se produisant au récipient se mêlent tout de suite à l'huile et se changent en gaz; procédé tout à fait raisonnable, mais qui n'a pu parvenir à être employé généralement, parce qu'on n'a pas réussi jusqu'à présent d'établir un appareil d'alimentation qui réglât non-seulement l'arrivée de l'huile au récipient, mais qui puisse encore opérer l'entrée de l'huile de dedans le récipient dans la cornue selon le besoin.

L'ESPACE POUR LA PURIFICATION.

Dans cet espace sont établis les appareils servant à la condensation et à la purification du gaz et, le cas échéant, aussi le compteur à production et le régulateur de la pression. La condensation s'obtient par la diminution de sa température, en produisant un rafraîchissement par l'eau ou par l'air dans l'espace fermé. La condensation du gaz est justement une chose essentielle à la fabrication du gaz d'huile, et une manipulation absolument nécessaire; elle devra se faire d'une manière plus productive et plus solide qu'avec le gaz carbone, parce que les gaz d'huile produits à une température beaucoup plus basse amènent avec eux une masse de vapeurs et de particules de goudron (des carbones solides ou liquides) qui, comme l'expérience prouve, ne se condensent pas complètement à $+20°$ C., mais qui passant par tous les appareils se précipitent dans les réservoirs à gaz, paraissent nageant sur l'eau du bassin, en forme de graisse, ou se précipitent dans les conduits, qui, enfin, entrant même dans les ouvertures des becs, se séparent ici comme fluide goudronneux et se dessèchent en noir. — Comme l'on ne construira pas un appareil unique pour la faculté nécessaire de condensation dans les fabriques considérables à cause de ses grandes dimensions, et puisque, comme nous l'avons mentionné, il existe divers moyens de condensation des gaz, on emploie pour cet effet deux appareils différents, savoir:

$1°$ le condensateur à l'air,
$2°$ le laveur.

Le condensateur à l'air, planche VIII, a la forme de cylindre; il se compose d'un cylindre plus étroit, intérieur, et d'un cylindre extérieur, plus spacieux. Le cylindre intérieur est ouvert en bas et en haut, le cylindre extérieur est fermé. Là où le gaz entre il y a un trou d'homme à curage. Le matériel du condensateur consiste en tôle d'une épaisseur de 2,5 mm à 2 mm. Les gaz avant de traverser l'appareil passent par le siphon en fonte, selon le dessin; le dit siphon reçoit les parties liquides sortant du récipient et les écarte par le siphon à goudron qui lui est attaché.

Le siphon a une fermeture à son côté par un dôme, pour être purifié plus commodément. Le condensateur est établi environ 25 à 30 cm au-dessus du sol de l'espace pour la purification, et le tuyau à cylindre intérieur s'allonge jusque par dessus le toit de la maison à gaz; de cette manière l'on obtient une très-bonne circulation d'air rafraîchissant l'appareil. Les gaz entrant dans le condensateur montent en haut en passant par l'appareil; ils pourront s'y étendre et adopter un mouvement plus tranquille. Par ce procédé ce sont justement les substances solides du gaz qui sont portées à se séparer; elles se précipitent.

Condensator Scrubber
scrubber à condensation.
condensor scrubber.

Wäscher
Laveur
Washer

Ansicht
Vue
View

mit
avec
with.

Querschnitt
Transversal

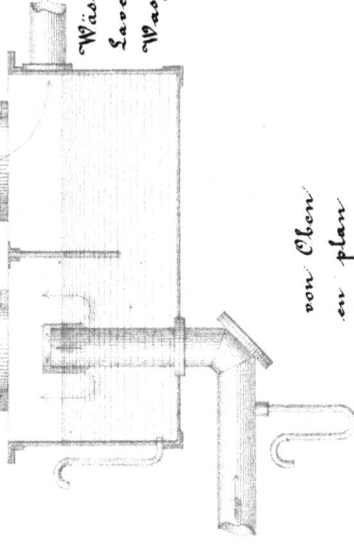

Wäscher
Laveur
Washer

von Oben
en plan
from above

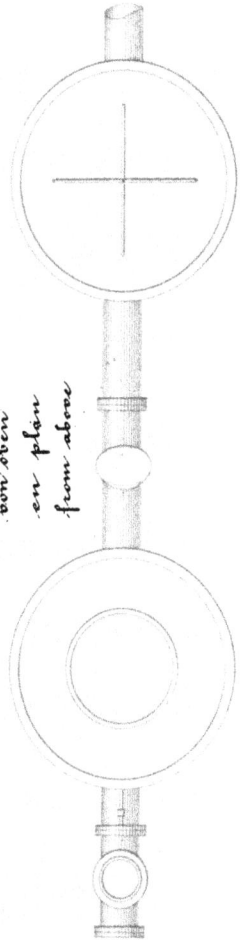

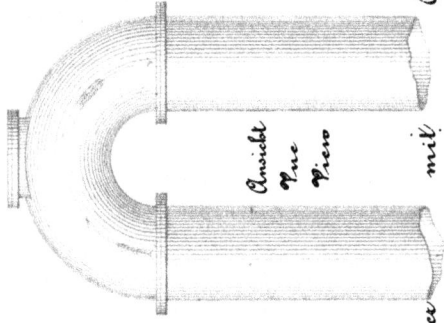

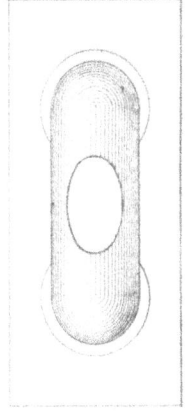

Querschnitt
Transversal

Scrubber
cylinder.
scrubber.

Cylinder
Scrubber à
Cylinder

Theerabläufe
Syphon

von oben
en plan
from above

Luft-Condensator
Doppel Cylinder.
Condenseur à l'air
cylindre double
Air condenser.
Double cylinder.

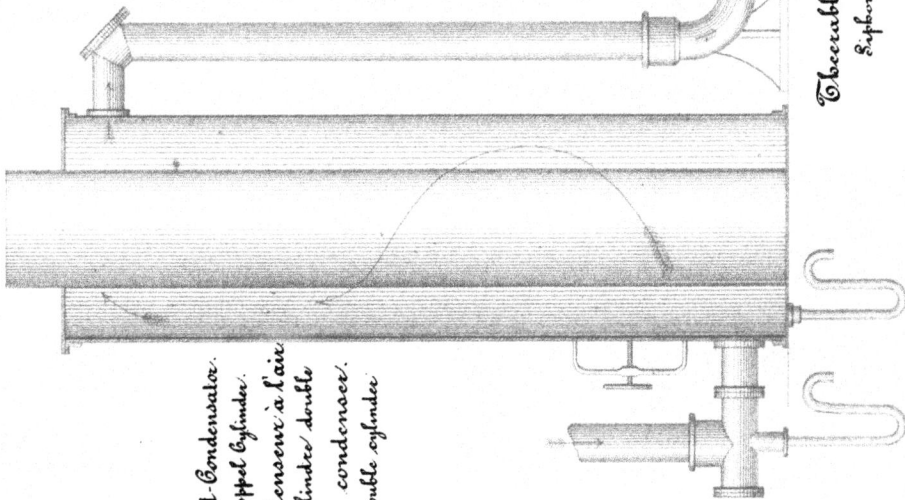

Kreuzkopf
Syphon

Maassft 1:20.
Echelle 1:20.
Scale 1:20.

Lith. Anst. v. Jos. Huber vorm. Joh. Moses München.

Wasch u. Scrubber.
Laveur et Scrubber.
WASHER AND SCRUBBER.

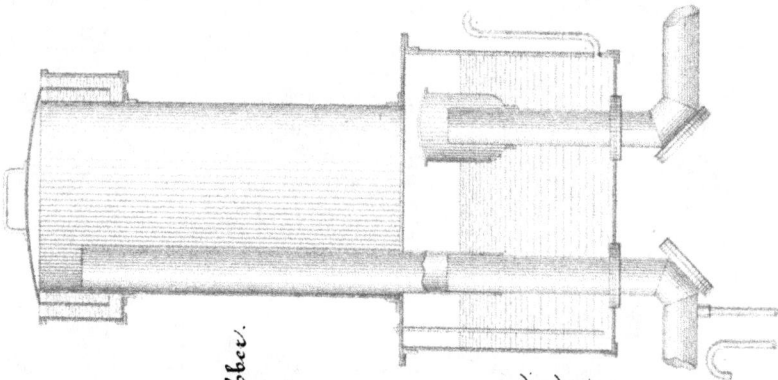

Trocken - Reiniger.
Purificateur à sec.
DRY PURIFIER.

Quer - Schnitt.
Transversale.

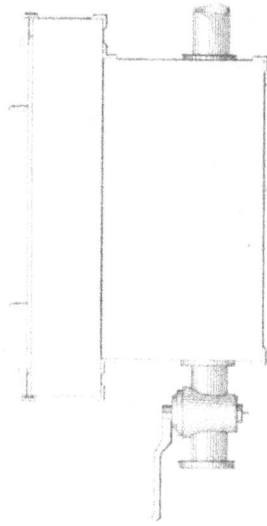

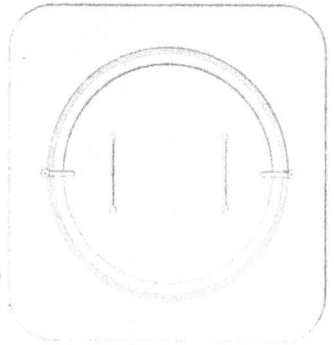

Ansicht seitl.
Vue latérale.
seen from the side.

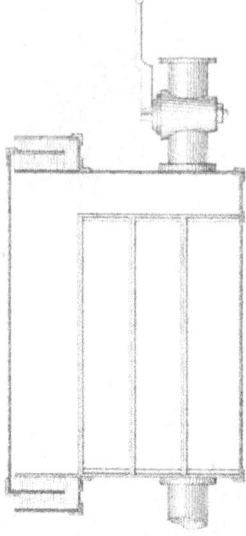

von Oben gesehen.
Vue en plan.
seen from above.

Scrubber.

Wäscher.
Laveur.
Washer.

von Oben gesehen.
Vue en plan.

Maasst. 1 : 20
Echelle . 1 : 20

Planche VIII représente à côté du condensateur une scrubber à coke en forme de cylindre avec arrosement par l'eau. Cet appareil est destiné à remplacer le laveur; on sait pour sûr qu'en forçant les gaz de passer des corps massifs et rudes on favorise essentiellement leur purification; par cette raison on emplit la scrubber de morceaux de coke gros comme un poing. L'arrosement par l'eau qui se fait par le tuyau à trompette, lequel se termine à un tuyau en croix troué, divise et rafraîchit les gaz qu'il rencontre, et c'est par ce rafraîchissement des gaz qu'il cause la séparation du goudron. L'appareil de scrubber a un trou d'homme en haut pour le remplissage avec du coke; en bas à côté il se trouve comme au condensateur, un trou d'homme pour ôter le coke. Ces deux appareils de condensateur et de scrubber suffisent pour une production en 12 heures de 4 à 5000 poids cubes anglais; agrandis d'un mètre de haut, ils suffisent pour 8—10000 pieds cubes environ.

Le laveur est avantageusement combiné avec le condensateur ou la scrubber, tel que planche VIII le fait voir. L'appareil à lavage se compose d'une caisse en tôle de l'épaisseur de 2,5 à 2 mm; il y entre un tuyau à genou, à peu près 4 à 5 cm au-dessus du remplissage d'eau; sur l'ouverture du tuyau il y a une calotte plongeant à peu près 40 mm dans l'eau; les gaz entrant et parvenant sous cette calotte s'y serrent en perçant l'eau; de cette manière il se fait un mouvement dans le remplissage d'eau, une division des gaz et un contact intime avec l'eau — un vrai lavage, par lequel les gaz se condensent avec le plus de succès.

Le laveur, planche VIII a un chapiteau en deux parties qui, entrant dans l'appareil à lavage se joint en haut par un tuyau courbé. Ce chapiteau sert de condensateur de même que de scrubber, lorsqu'on emplit de coke les deux tuyaux. Le chapiteau courbé a un dôme pour le remplissage; les deux tuyaux ont des trous d'homme pour la décharge. Les goudrons séparés au laveur coulent par un tuyau à siphon, comme nous l'avons décrit plus haut. Le laveur se remplit par un tuyau à gaz en fonte qui y entre comme le diagramme le montre sur planche IX. L'appareil à condensation par le laveur et scrubber, planche VIII suffit pour une production d'environ 3000 pieds cubes en 12 heures, celui sur la planche IX pour environ 1200 pieds cubes; en combinaison avec le condensateur à l'air et avec un chapiteau à scrubber agrandi d'un mètre de haut, une fabrique publique assez grande pourra être suffisamment pourvue de 10—12000 pieds cubes dans 12 heures.

L'appareil à laveur et scrubber ébauché sur planche IX est également fait en tôle de 2,5 à 2 mm d'épaisseur; là où la scrubber est superposée sur le laveur, le dôme dudit laveur est troué et sert de couverture pour remplir de coke la scrubber. Les gaz entrant sous la calotte au laveur sortent par le tuyau vertical qui traverse l'appareil. En bas au côté la scrubber a un trou d'homme à décharge; en haut elle s'ouvre et se ferme facilement par lassière à fermeture par l'eau, ce qui constitue un grand avantage dans la construction de cet appareil combiné.

Tous ces appareils cependant ne produisent qu'une purification de gaz mécanique. Pour écarter les substances salissantes contenues dans le gaz d'huile et diminuant la force d'eclairage — l'acide carbonique et l'hydrogène sulfuré —, on se sert du purificateur de chaux à sec, selon planche IX. C'est une caisse carrée construite en tôle, comme les autres appareils, dans laquelle se trouve la masse à purification répandue sur trois claies en bois superposées l'une à l'autre. Cette masse se compose de de masse selon Laming (voir sa composition au réglement pour l'exploitation). Où la chaux est facile à avoir on pourra employer à sa place aussi de la pyrite sulfureuse. La masse selon Laming pulverisée mérite la préférence, parce que, outre qu'elle produit une purification chimique, elle opère encore une purification mécanique réitérée.

Pour la purification de 10000 pieds cubes de gaz d'huile il faut 2 pieds cubes de masse selon Laming. Le purificateur de même que la scrubber, planche IX, a une fermeture à eau; à l'ouverture de la sortie de gaz se trouve un maître-robinet conique qui a une fermeture, ou bien simplement un noyau en laiton.

L'on ne pourra se passer ni de l'appareil à lavage ni de celui à scrubber; tandisqu'on n'emploie des condensateurs à l'air que dans des fabriques d'une production de plus de 3000 pieds cubes en 12 heures;

le laveur non moins que la scrubber et le purificateur sont indispensables même pour la plus petite fabrique. Mais beaucoup de techniciens en gaz d'huile semblent être d'une opinion contraire, puisqu'on trouvait et l'on trouve encore aujourd'hui un nombre assez considérable de fabriques à gaz d'huile, dont l'espace à purification se présente d'une manière assez misérable, où une scrubber à cylindre devra opérer et la condensation et la purification: de telles fabriques ne pourront guère produire un gaz d'huile pur et inoffensif; on aura à combattre souvent des engorgements dans ces sortes de fabriques. C'est vraiment incompréhensible, avec quelle insouciance des fabriques à gaz d'huile ont été établies, avec quelle indifférence toutes les expériences y ont été mises de côté; avec quelque peu de réflexion on devrait trouver les défauts et pourrait y rémédier. Mais, ou messieurs les constructeurs sont trop convaincus de la haute perfection de leurs constructions d'appareils au point de croire, quil est impossible de les corriger et de les perfectionner, ou l'on croit par commodité ce qu'on entend et lit toujours: „Le gaz d'huile n'a pas besoin du tout d'être purifié." Que cette erreur est grande et qu'elle porte malheur! Quand même le gaz d'huile est beaucoup plus exempt de substances sulfurées que le gaz carbone, toutefois leur quantité suffit pour pouvoir être démontrées par les produits de combustion d'un petit nombre de becs de gaz. Les orfèvres vont démontrer les produits de combustion dans des gaz sulfureux par des précipités sur des métaux; mais le gaz sulfureux ne possède non-seulement une force d'éclairage plus petite, mais encore il a une influence très-nuisible sur la santé. Or, si le gaz d'huile n'est pas dépouillé de ces substances nuisibles et qu'il ne soit pas suffisamment condensé, il ne sera pas étonnant que les consommateurs d'un gaz pareil soient mécontents de tout l'éclairage, qu'ils condamnent tout le système; une grande partie des préjugés contre l'éclairage par le gaz d'huile vient de tels établissements manqués. Ce ne sera naturellement pas la faute au constructeur, mais celle du matériel de production. Que cette opinion est également erronée! On peut changer même la plus mauvaise huile en bon gaz d'éclairage; par exemple on produit de l'huile de créosote un gaz pur et fort pour l'éclairage.

En fabriquant continuellement du gaz on établit deux purificateurs, tels que diagramme c les représente. La mise et l'échange des purificateurs se fait comme dans les fabriques à gaz carbone par la calotte à échange. Les tuyaux de jonction entre le récipient et tous les appareils, en fonte, devront avoir pour le moins la capacité de 100 mm en ligne de résistance; il faut que tous ces tuyaux de jonction soient facilement accessibles, faciles à purifier et qu'ils aient assez d'inclination vers les décharges à goudron: nulle part ils devront avoir ce qu'on appelle des sacs à goudron ou à eau; où l'on ne pourrait y rémédier, on établit une vis à purification ou un siphon. Le robinet de fermeture ne devra être ouvert que pendant la fabrication de gaz; il est absolument nécessaire pour la séparation du réservoir à gaz des appareils, à leur purification et au renouvellement de la masse à purification. On peut tenir toute la fabrique à gaz dans un état de propreté absolue; on devra mettre la main sur toutes les choses sans se salir. Qu'on engage surtout l'ouvrier à tenir tout en ordre; on l'obligera de cette manière à avoir les yeux partout, et c'est par là qu'il acquiert de plus en plus une connaissance exacte des diverses parties; à la fin il trouvera du plaisir à un tel appareil; il commencera à chérir son occupation. Qu'on ne permette pas avant tout de garder ou de laisser dans la maison à gaz des objects qui ne sont pas de la fabrique ou dont on n'y fait pas usage.

Les produits de goudron sont directement conduits au large dans des tuyaux en fonte, larges de 100 mm; on les y fait entrer dans un tonneau d'huile a gaz qui doit être remplacé par une autre après être rempli.

Le goudron après être mêlé à l'huile en un volume de 30 % pourra de nouveau être exposé à la fabrication; ou on le vend s'il y a des acheteurs au voisinage; sans cela les goudrous n'ont pas de valeur à moins qu'on ne les emploie pour mouiller les charbons, pour la désinfection ou le peinturage — d'ailleurs ils dessèchent très-lentement. D'autre emploi de goudrons de gaz d'huile, dont on pourrait certainement tirer des objets précieux, n'a malheureusement pas lieu. — Avant son entrée dans le réservoir on fait passer au gaz le compteur pour la production, si tant il y a, établi de manière que son front, le cadran, donne sur l'espace aux cornues, que par conséquent le compteur soit fixé, au mur mitoyen séparant l'espace aux cornues de celle-ci pour la purification. Le compteur est une grande horloge à contrôle pour la fabrication, établie dans une cage en fonte, comme il y en a dans toutes les fabriques à gaz carbone. La grandeur de ce compteur doit répondre à la plus grande production de gaz possible; et il sera de mise de choisir le compteur plus grand que le maximum actuel de production ne l'exige; puisque celle-ci va toujours en augmentant et qu'alors le compteur ne sera plus bon à rien. En choisissant le compteur on fera bien de n'envisager que le contenu du tambour, relativement le plus grand volume de gaz qui puisse passer par le compteur dans une heure. Les fabriques à gaz particulières pourront proprement se passer du compteur; mais il ne laisse pas d'être très-utile; les fabriques publiques au contraire ne pourront aucunement s'en passer; il ne contrôle non-seulement le fournisseur d'huile quant à l'égalité et la bonté du matériel de production, mais aussi le travail de l'ouvrier et la faculté des cornues pour la fabrication. Pour cet effet on combine une pendule ordinaire avec le compteur, par quoi l'aiguille de la pendule au moyen d'un levier auquel un crayon est attaché, écrit sur un disque mobile fixé sur l'axe de la roue à volets du compteur et se mouvant avec lui, en notant la proportion de la vitesse de la rotation du compteur, et celle de la pendule. Le compteur fait ce contrôle par repésentation graphique (annotation).

Le compteur, comme cela est marqué sur diagramme C, est pourvu de trois robinets à fermeture pour la mise et l'échange; c'est aussi de ce compteur qu'un conduit à manomètre est mené dans l'espace aux cornues. D'autre contrôle sûr pour la production de gaz que par le compteur n'existe pas. Les échelles de gazomètre ne pourront jamais constituer de bons compteurs, parce que pendant la production il y a aussi consommation et que la chaleur du soleil influe d'une manière extraordinaire sur le volume du gaz au réservoir en l'augmentant. Si l'on juge de la production et du produit d'une quantité donnée de gaz d'après l'échelle du gazomètre, on pourra à peine éviter de se tromper. D'abord il est impossible d'évaluer le volume de gaz d'après l'échelle du réservoir à gaz, et puis par l'influence du soleil sur le réservoir on pourra selon les circonstances avoir un produit de gaz brillant. C'est par là probablement que beaucoup de propriétaires de fabriques à gaz sont d'avis qu'ils produisent 1200 pieds cubes de gaz et davantage de 50 kg d'huile. Ce sont des résultats qui ne s'obtiennent que très-rarement. Et quand il arrive que quelqu'un possède une échelle à gaz divisée en mesures cubiques de Saxe, qui sont les plus petites, l'erreur en devient encore beaucoup plus considérable, parce que les becs à gaz sont, comme tout le monde sait, divisés d'après les mesures anglaises étant aux mesures de Saxe comme 5 : 6 environ.

Dans l'espace à purification est établi enfin le régulateur de la pression, par lequel les gaz sortant du réservoir à gaz entrent dans les places à consommation. Le régulateur tel qu'il est employé pour le gaz carbone, sert de même pour l'éclairage à gaz d'huile; il est nécessaire pour des fabriques publiques et des fabriques particulières à consommation variable; il opère l'entrée régulière de la quantité de gaz nécessaire pour la consommation et la pression qu'il faut pour que le gaz soit consommé le plus avantageusement possible; ce qui est d'une grande conséquence, comme nous l'avons démontré auparavant. Le régulateur de la pression forme encore une fermeture complète du réservoir à gaz et en cas d'une petite production, une reduction proportionnée à celle-ci dans le réseau des tuyaux; c'est par là que la perte en gaz pourra se réduire au minimum.

LE RÉSERVOIR A GAZ ET LE BASSIN AVEC SES ACCESSOIRES.

Le réservoir à gaz sert à accumuler et à conserver le gaz; il se compose d'un cylindre en tôle ouvert en bas et fermé en haut par un toit voûté. Le toit est ordinairement couvert en tôle de 1,5 à 2 mm, le corps de 1 à 1,5 mm d'épaisseur. Le réservoir contient des chevrons en fer de L et de T à l'intérieur, sur lesquels est rivée la tôle, et qui selon la grandeur du réservoir seront simples ou compliqués. Le réservoir à gaz a un trou d'homme à entrée sur son toit; il nage librement dans le bassin au réservoir, étant rempli d'eau comme fluide de séparation. Ce bassin construit en bois dans de toutes petites fabriques, selon planche X, ou bien fait en tôle (pour 2000 pieds cubes tout au plus), muré dans les grandes fabriques, devra avoir 20 à 25 cm de largeur et de hauteur de plus que le réservoir à gaz respectif. Les bassins murés sont construits en pierre de taille ou en brique la plus dure avec un crépi intérieur en ciment. Toujours ce seront les circonstances de lieu qui décideront de l'établissement d'un tel bassin, du choix du matériel et de l'épaisseur des murs d'enceinte; et on laissera dans la plupart des cas aux vrais connaisseurs du terrain et du matériel à construction, de juger de ces circonstances. Dans le bassin au gazomètre il entre les tuyaux d'entrée et de décharge en fonte, selon planche X, XI, et XII, lesquels aboutissent à un creuset particulier à pots à eau (siphons), dans lesquels les produits de condensation s'accumulent, et desquels ils devront être sortis par la pompe, ou qui ne sont pourvus, selon planche X, que de simples tuyaux à siphon pour le même effet.

Que l'on établisse les bassins tout à fait ou seulement en partie dans la terre, ou qu'on les monte sur le sol, c'est ce dont décident purement les circonstances de lieu.

Planche X représente un réservoir à gaz d'une capacité de 17,65 cm, à guide central au bassin en bois. Les tuyaux d'entrée et de sortie sont fixés au fond du bassin par des bourrelets à tuyaux et des vis; ils aboutissent au bassin en deux tuyaux verticaux particuliers, et surplombent le remplissage d'eau de manière que l'eau ne pourra y entrer. Pour que le bassin ne s'emplisse pas d'eau tout à fait, on le perce à plusieurs centimètres au-dessous du bord du bassin; de cette manière on aura la hauteur de l'eau toujours égale. Par son propre poids le réservoir à gaz exerce une pression plus ou moins forte qui selon le besoin pourra se diminuer par une décharge (voir planche XI) ou se réduire par le régulateur de la pression dans son effet prolongé par le réseau de tuyaux à gaz. Quant à la pression sous laquelle le gaz se produit dans la cornue, il faudra qu'elle soit si forte à pouvoir vaincre la résistance dans les appareils et le gazomètre. Or on ne travaille pas avec plus de 120 mm de pression dans les cornues, par consequent la pression au réservoir à gaz devra seulement être aussi forte que, après avoir déduit les enfoncements dans les appareils, ledit maximum de pression ne soit pas surpassé; d'autre part cependant le réservoir à gaz devra être en état de pouvoir augmenter la pression jusqu'à 100 mm pour le moins; sans cela les produits de distillation sortent trop vite de la cornue et la production en est insuffisante. Sur la grandeur des réservoirs pour une fabrique à gaz d'un maximum de consommation donné l'on ne saurait établir des règles qu'en général. L'on compte pour des appareils au travail pendant la journée : la grandeur du réservoir égale à la plus grande consommation journalière ou bien le double ou même le triple. Plus le réservoir dans de tels établissements est grand, plus c'est avantageux; car l'on est en état de fabriquer à la fois une provision de gaz pour plusieurs jours; et de cette manière on exploite mieux le matériel de chauffage et le travail que si l'on consume, par le chauffage répété et journalier, le chauffage et le temps de travail. Des fabriques à gaz marchant continuellement demandent un réservoir qui puisse garder $\frac{1}{2}$ ou $\frac{1}{3}$ du volume de la consommation

Gasbehälter mit Mittelführung in Holz-Bassin.

Réservoir à gaz à guide central au bassin en bois.

GAS BASIN WITH CENTRAL GUIDING IN THE WOODEN BASIN.

Inhalt 17,65 Cub.Mtr.
Capacité 17,65 m-c
Capacity of 17,65 m-c.

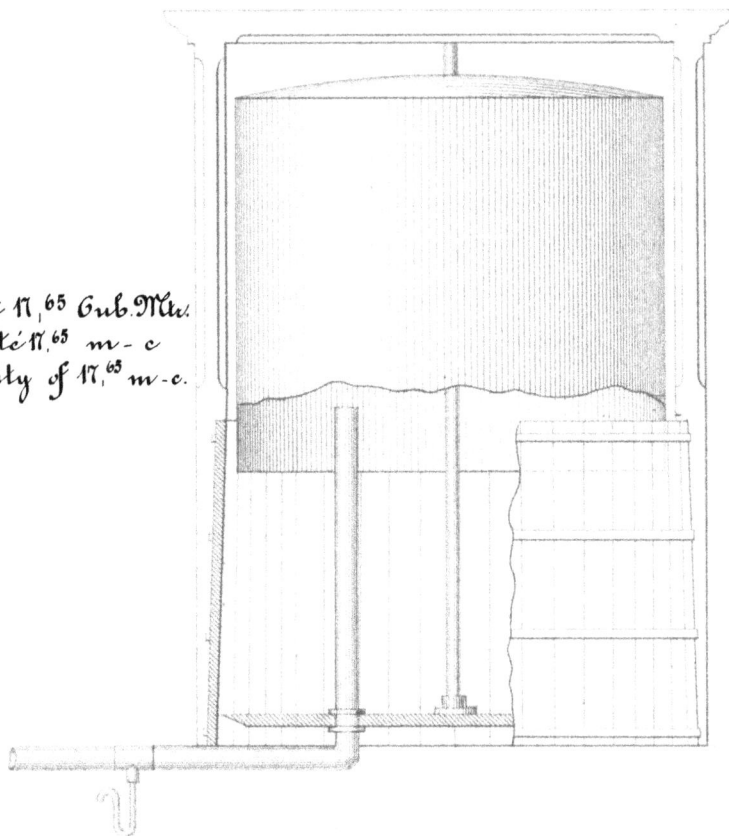

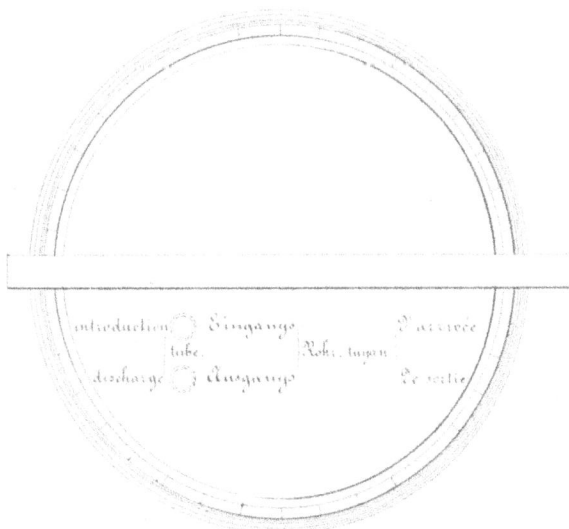

Maassst.   1 _ 50
Echelle   1 _ 50
Scale   1 _ 50

Gasbehälter mit seitlicher Führung (Stein-Bassin.)

Réservoir à gaz à guide latéral (bassin en pierre)

GAS BASIN WITH LATERAL GUIDING (STONE BASIN)

Inhalt 174 Cub. Mtr
Capacité De 174 m.c.
Capacity of 174 c m

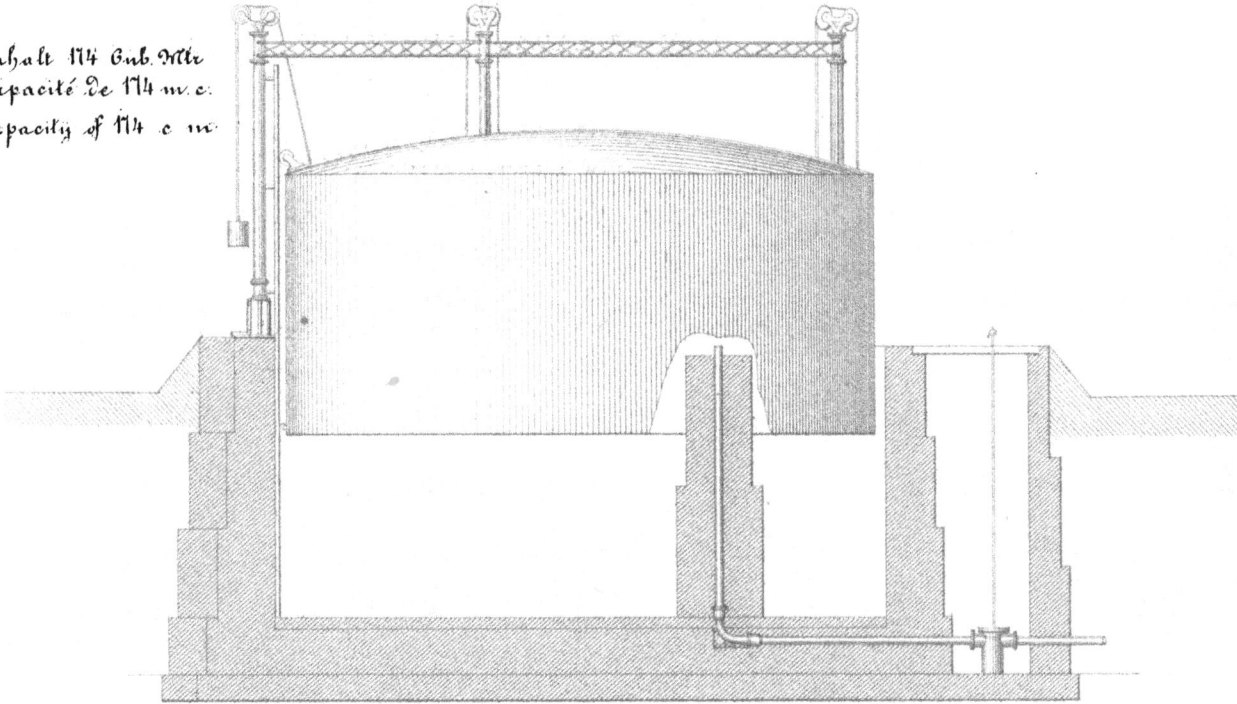

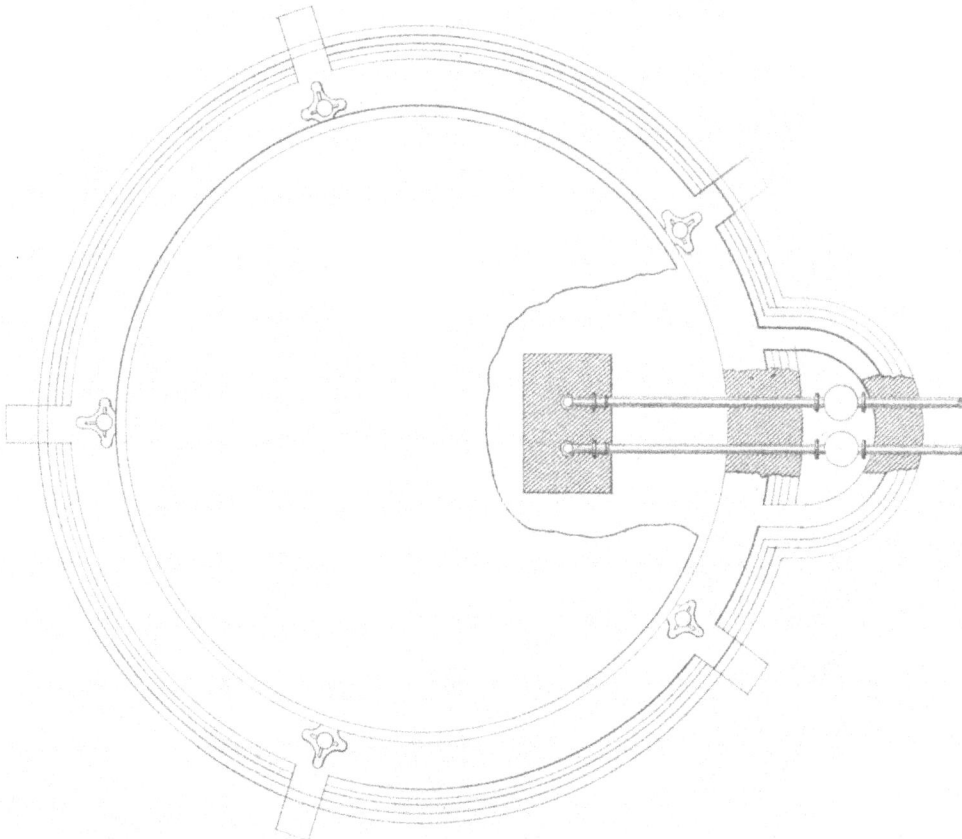

Lith. Anst. v. Jos. Huber vorm. Joh. Moises München.

Maassſt	1 : 100
Echelle	1 : 100
Scale	1 : 100

Gasbehälter mit Mittelführung. (Stein-Bassin.)

Réservoir à gas à guide central (bassin en pierre)
GAS-BASIN WITH CENTRAL GUIDING. (STONE-BASIN.)

Inhalt 62 Cub. Mtr.
Capacité de 62 m - c.
Capacity of 62 c - m

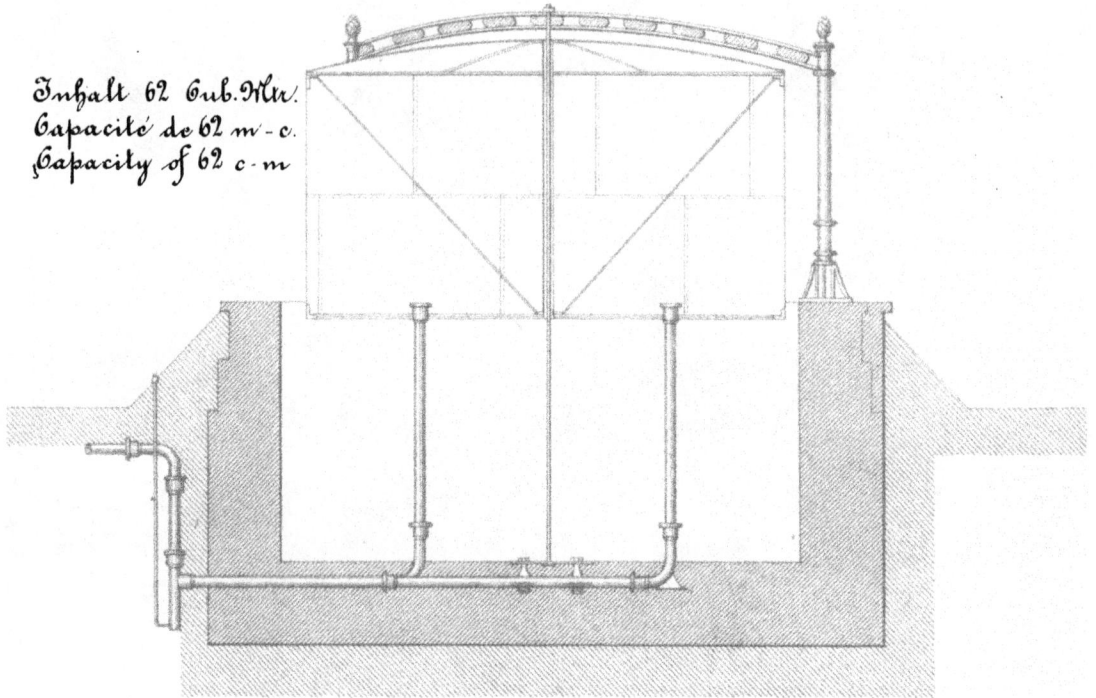

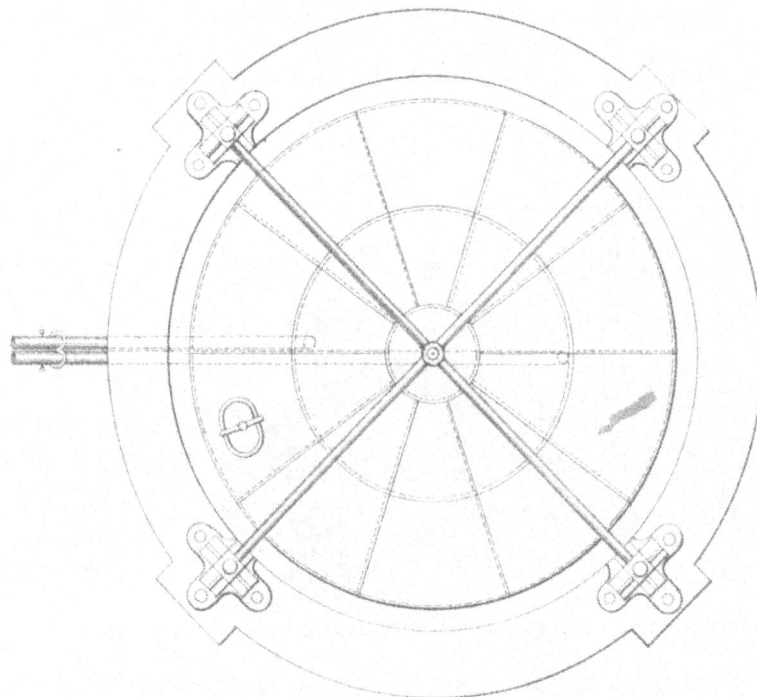

Lith. Anst. v. Jos. Huber verm. Joh. Moises, München.

Maass/1 1 :
Échelle 1 :
Scale 1 :

maximum journalière. Cela dépend tout à fait de l'arrangement de la fabrique et de la manière de travailler. Contre le froid le réservoir à gaz est mis à l'abri par l'induction d'un tuyau à vapeur dans le bassin, et s'il n'y a pas de vapeur, par l'établissement d'un chauffage à circulation d'eau chaude, en construisant dans l'espace aux cornues une petite chaudière en tôle qu'on joint à deux tuyaux communiquant avec le bassin à gazomètre. De cette sorte on établit par quelques pellées de combustibles une circulation à eau chaude avec facilité et à peu de frais.

Planche XI représente un réservoir à gaz à guide latéral au bassin en pierre. Ce bassin est particulièrement doublé de briques, tandis que les murs d'enceinte et le fond sont construits en pierres de taille. Pour un gazomètre de plus de 60 m.-c. de capacité l'on pourrait déjà employer le guide latéral. Les chevrons du gazomètre, planche XI, se compose de deux cercles de fer en forme de **L**, lesquels forment le corps du réservoir en bas et en haut. Ces deux anneaux en **L** sont joints par des barres verticales en **T**; au plafond courent des côtes en fer de **T**, lesquelles sortant du milieu se joignent avec l'anneau supérieur en **L**, de manière qu'elles s'étayent en formant ainsi une voûte, sur laquelle sont couchées les tôles de couverture du réservoir; les deux cercles en **L** sont rivés avec le cylindre en tôle. Le réservoir roule au moyen de roulettes dans des rails en **T**; ces roulettes attachées aux colonnes de conduit descendent jusqu'au fond du bassin.

Planche XII représente un réservoir à guide central au bassin en pierre. Les chevrons de ce réservoir sont fondés en haut et en bas sur la barre à conduite, de laquelle des barres rondes, droites rectangulaires sortent en bas au côté pour conduire à l'anneau inférieur en **L** et de même diagonalement à l'anneau supérieur en **L**. Le réservoir est surmonté par des traverses en fonte reposant sur des piliers en fonte, et se rencontrant au centre au-dessus du gazomètre dans un croisement en quatre parties, par lequel passe la barre à conduit, qui se fonde au sol du bassin à réservoir par une plaque foncière en fonte. Le guide latéral d'un réservoir cause une friction beaucoup plus considérable à sa montée et à sa descente. Les tuyaux d'entrée et de sortie sont fondés si avant dans le fond du bassin, qu'on pourra se passer de les construire en pierre en cône particulier selon planche XI.

LES TUYAUX DE CONDUIT DE GAZ AVEC LEURS ACCESSOIRES.

Ils amènent le gaz aux endroits de consommation et se composent

1° de tuyaux en fonte tant qu'ils sont établis dans la terre ou qu'ils passent par l'eau;

2° de tuyaux en fer de forge pour des embranchements à l'intérieur d'espaces couverts, en général pour les réseaux de tuyaux à l'intérieur des bâtiments.

A un bon conduit de tuyaux à gaz sont attachées principalement les conditions suivantes:

1° un bon matériel absolument dense;

2° jonction dense des tuyaux et des embranchements entre eux;

3° proportions justes des calibres du trait principal des tuyaux aux conduits qui s'en séparent, et proportions justes de tout le réseau des tuyaux à la consommation de gaz.

Si tant est que des règles toutes déterminées sur les dimensions à prendre pour un conduit à gaz d'une longueur et d'une consommation données, ne sauraient être établies, pourtant une évaluation exacte de calibre dans un réseau bien étendu rencontre des difficultés à perte de vue. Une ville, une fabrique, une gare s'étendent quelquefois de façon à ne pouvoir en augurer auparavant, d'un côté où l'on pouvait le prévoir le moins. De tels événements on pourrait avec succès tenir compte d'avance;

c'est pourquoi l'on prend dans toutes les fabriques d'une assez grande importance $^1/_3$ à $^1/_2$ fois de calibre plus grand que la consommation actuelle ne l'exige. Nous possédons de la part de connaisseurs en gaz et de gens de pratique, des tables très-exactes sur le choix des dimensions dans les conduits de gaz carbone; mais elles suffiront à peine pour des fabriques d'une certaine grandeur et chaque ville, chaque fabrique de gare etc. travaille d'après son propre tarif de conduit différant presque toujours desdites tables, parce qu'il faudra prendre égard aux calibres de tuyaux déjà existants du réseau complet des tuyaux aux rapports de niveau du terrain, la répartition différente de la consommation des endroits où les conduits sont établis. Pour l'éclairage par le gaz d'huile le réseau des conduits est plus simple en ce que son étendue sera toujours plus petite que dans les fabriques à gaz carbone. Nous à notre tour avons suivi la table de BARLOW, et nous n'y avons rien trouvé d'insuffisant. Nous manquons encore d'essais scientifiques et de calculs exacts sur la vitesse avec laquelle le gaz s'écoule, de sorte qu'on y est renvoyé aux formules connues pour le calcul des masses de sortie d'un corps aériforme à poids spécifique donné du corps, de la pression, de la dimension, de la longueur des cornues, de la gradation et de l'abaissement.

L'on pourra sans inconvénient appliquer les tables de BARLOW au gaz d'huile en mettant pour les masses de sortie de gaz en pieds cubes qu'on trouve dans ces tables, un nombre égal de becs, en déduisant 25 % en équivalent de la lenteur plus considérable avec laquelle le gaz d'huile d'un poids specifique plus grand, se meut dans un tuyau. Nous donnons une table pareille qu'on pourra employer sans danger et qui pourra suffire dans beaucoup de cas. Encore faudra-t-il faire attention à ce qu'on devra calculer pour le gaz d'huile 1 bec normal à 1 p. c. anglais de consommation par heure.

Longueur des tuyaux en mètres	10	20	30	45	70	90	135	180	270	450	680	900	1140	1400	1600
Nombre des becs à 10 mm de pression et à calibre des tuyaux															
de 13 mm	50	34	29	21	18	16	13	—	—	—	—	—	—	—	—
„ 19 „	—	—	80	60	50	40	35	—	—	—	—	—	—	—	—
„ 25 „	—	—	160	125	100	90	70	--	—	—	—	—	—	—	—
„ 32 „	—	—	—	215	180	155	125	110	90	—	—	—	—	—	—
„ 38 „	—	—	—	340	260	240	200	170	140	--	—	—	—	—	—
„ 51 „	—	—	—	—	550	500	400	350	285	220	--	—	—	—	—
„ 64 „	—	—	—	—	1000	880	710	615	500	390	—	—	—	—	—
„ 76 „	—	—	—	—	—	—	1100	900	700	600	500	430	380	—	—
„ 102 „	—	—	—	—	—	--	--	—	1500	1300	1000	890	790	720	—
„ 127 „	—	—	—	—	—	—	—	—	2250	1900	1700	1500	1300	1180	—
„ 153 „	—	—	—	—	—	—	—	—	4000	3500	2800	2450	2200	2000	1850
„ 178 „	—	—	—	—	—	—	—	—	6000	5000	4200	3600	3200	3000	2750
„ 204 „	—	—	—	—	—	—	—	—	—	7150	5800	5050	4500	4150	3800

Un tuyau de 8 mm suffit pour 10 à 20 becs
„ „ 6 „ „ „ 5 „ 8 „
„ „ 4 „ „ „ 2 „ 1 becs.

La diminution de pression, quand on fait descendre le gaz, est d'un millimètre pour 1 m, et la gradation de pression monte également en proportion inverse.

Pour la jonction des tuyaux en fonte entre eux, on se sert de la jonction à manchons en adaptant la queue d'un tuyau dans le manchon de l'autre et en remplissant l'espace vide (gobelet) par une corde à goudron et du plomb. La corde à goudron se composant de bouts de cordes tortillés est fourrée dans cet espace et le reste en est scellé de plomb fondu. L'anneau de plomb formé de cette manière est scellé aussi solidement et aussi avant que possible dans le gobelet. Il sera de mise de coucher les tuyaux, surtout autour des endroits scellés, sur le sol naturel, ou si cela n'est pas possible on fera bien de fouler bien ferme la terre sous ces endroits pour empêcher que les tuyaux ne s'affaissent ou s'enfoncent à ces places. D'autres scellements que par le plomb ont été recommandés, mais on ne les a pas introduits à une grande échelle. Les traits de conduits sont posés dans le terrain à 3 pieds (1 mètre environ) de profondeur, pour les mettre à l'abri du froid et des secousses qui se font dans des rues fréquentées par des voitures. Les tuyaux sont toujours établis à pente vers les endroits d'accumulation pour les masses de condensation (siphons), lesquels selon le terrain sont enclavés en distances plus ou moins longues dans le tuyau principal (ou au bout des conduits). Ces siphons se vident à besoin par des pompes; pout cet effet un tuyau à gaz va en perçant le couvercle, sur le fond du siphon; le tuyau s'allongeant jusqu'au niveau de la rue y est abrité par une cage en fonte qu'on pourra fermer et ouvrir à discrétion. Si, où il n'y a que peu de becs à alimenter par un conduit souterrain on ne veut par des vues d'économie pas employer le tuyau en fonte plus coûteux. dont le moindre calibre ne peut s'obtenir que jusqu'à 25 mm, on pourra à la rigueur se servir de tuyaux en plomb à parois épais qui, bien tendus, sont montés sur un sol foulé bien ferme. Sous aucune condition on ne doit placer dans la terre des tuyaux en fer de forge, parce que perdant leur densité ils se détruisent entièrement. Pour l'établissement des embranchements du maître-tuyau en fonte on emploie de pièces en ⊥ et en ✛, les courbures se font par des genoux; et la réduction d'un gros calibre en calibre plus mince s'opère par des tuyaux coniques en fonte.

Quand on voudra fixer un embranchement dans un conduit, le maître-tuyau est percé ou séparé, après quoi on insère moyennant de manchons doubles une pièce en T. Le total des calibres des embranchements du trait principal devra être de 10 % plus grand que la transversale de celui-ci, parce que dans les tuyaux plus étroits la friction en est plus forte, et que par conséquent la perte en pression sera plus considérable. Des arrangements pour la fermeture dans le réseau souterrain ne s'emploient que très-rarement, quoiqu'ils puissent être d'une grande utilité en cas de pertes de densité et d'incendies.

Le conduit à l'intérieur des bâtiments, c'est-à-dire le réseau en fer de forge, se joint immédiatement au conduit souterrain et est beaucoup plus compliqué que celui-ci. La jonction avec le conduit en fonte devra toujours se faire à l'intérieur des bâtiments, c'est-à-dire, le tuyau en fonte perce le mur d'enceinte du bâtiment qu'on voudra éclairer, et au moyen d'un genou, dans lequel selon le besoin un tuyau en fonte droit, à manchon, est enclavé; il est conduit jusqu'au plancher à l'intérieur; et ce n'est qu'ici que le tuyau en fer de forge se joint en s'insérant dans le manchon du tuyau droit en fonte.

L'introduction doit s'opérer de manière que l'embranchement garde sa pente vers le tuyau souterrain pour les humidités qui se formart justement là, entrent dans le conduit souterrain. Où cela ne pourra s'arranger ainsi, on établira une décharge à l'endroit le plus bas à l'intérieur du bâtiment. Dans les tuyaux en fonte on perce un tuyau à siphon; dans les tuyaux en fer de forge on enclave une pièce en T, dont on allonge à discrétion la jambe longue et qu'on ferme par un robinet ou par une calotte montée dessus. En cas qu'un appareil de décharge dans le conduit souterrain doive s'établir en dehors, on sera obligé d'employer un siphon comme nous l'avons décrit plus haut. On pourra essentiellement simplifier celui-ci en se servant d'un tuyau en fonte en ⊣, dont la jambe longue à queue est fermée et a un fond; le conduit se joint de côté et d'en haut. L'on pompe les masses de condensation, en perçant le fond de la jambe, par un tuyau à gaz d'un calibre de 10 mm, lequel s'allonge analoguement au tuyau à pompe pour les siphons. De tels siphons en T suffisent parfaitement et ne coûtent que ⅓ ou ¼ de ceux qu'on emploie ordinairement. Les décharges s'arrangent toujours dans le conduit en fer de forge là où se fait une poche à eau à l'endroit où un tuyau conduit en bas, c'est-à-dire, où se font une descente et une montée rapides ou simplement une descente du conduit. La jonction entre eux des tuyaux en fer de forge s'opère par des manchons à charnière, dans lesquels est vissé de chaque côté un bout de tuyau à gaz. Les embranchements se font par des pièces en ✚ et en T; les réductions par des manchons coniques, les courbures par des genoux particuliers ou, si le tuyau est mince, par la courbure du tuyau même. Le scellement des tuyaux se fait par des crampons ou des chasse-rivets à tuyaux. La fermeture des tuyaux s'opère par des robinets coniques en laiton, ayant des charnières des deux côtés et y pouvant être vissés de cette façon. Il faut que chaque espace ait un robinet de fermeture particulier. Chaque bec aura un robinet de fermeture particulier (robinet à bec), avec lequel il est en combinaison immédiate; même avec les chandeliers c'est avantageux de faire un robinet à bec particulier pour chaque bec. Quand on alimente par un seul robinet, comme cela se fait souvent avec les lustres, les flammes seront inégales. L'on peut conduire sans danger le gaz d'huile même dans les chambres à coucher, si les tuyaux sont mis sous pression. Les traites de tuyaux dans les bâtiments devront être absolument libres; les tuyaux pointus ou recouverts de crépi permettent difficilement de reconnaître les dérangements. Les dégâts aux tuyaux ne se font sentir souvent que bien éloignés des véritables causes; si par exemple une planche ou un crépi épais sont directement couchés sur des tuyaux ayant perdu leur densité, le gaz dans ce cas, forcé de chercher une sortie, s'en va loin peut-être des endroits endommagés; alors on est réduit à la nécessité d'ouvrir toute la traite des tuyaux. Les conduits à gaz souterrains pourront être éclairés, pour se convaincre de leur état de densité ou pour rechercher des dégâts, en effleurant le trait découvert par un réchaud à l'esprit de vin. Les dégâts incertains sont cherchés en perçant le fossé aux tuyaux. Dans des fabriques nouvelles il est absolument nécessaire de faire une preuve de pression moyennant une machine pneumatique. On trouve les endroits qui ont perdu leur densité, en appliquant aux tuyaux un pinceau avec de l'eau savonneuse; ces endroits poussent alors des bulles. L'on ne devrait pas procéder autrement dans toutes les conjonctures avec le conduit à l'intérieur. Si dans ces sortes de conduits il se fait des dégâts au plafond, tant de gaz pourra se perdre quelquefois qu'un mélange explosible se forme, de l'odeur duquel on ne pourra s'apercevoir du tout ou très-peu, parce que les gaz d'un poids spécifique léger restent au plafond; et quand on éclaire un tel conduit par une flamme ouverte, il se fait une inflammation de gaz qui sort, ou bien une explosion, comme c'est déjà arrivé bien souvent. Employer d'autres tuyaux que ceux en fer de forge à l'intérieur des bâtiments, ce n'est pas pratique, parce que des tuyaux en plomb qui s'emploient encore souvent, sont plus exposés à des endommagements, que des tuyaux pareils se plient très-facilement par leur mollesse et leur pesanteur, et que de cette manière il se fait des engorgements. Quand on entretient des flammes pendant la nuit, on les alimente souvent par un conduit nocturne particulier.

Les appareils à becs pour l'éclairage par le gaz d'huile sont analogues à ceux par le gaz carbone. Vu la force d'éclairage extraordinaire du gaz d'huile on ne pourra naturellement se servir que de becs ayant des ouvertures relativement petites. Le gaz d'huile abondant en carbone, incline cependant beaucoup à la production de suie, et l'on est obligé de faire particulièrement attention aux appareils pour les becs. Les plus favorables en sont les becs à papillon en stéatite; les becs en fer s'élargissent de plus en plus à la purification; l'ouverture en devient insensiblement si grande, que le gaz en sort en vacillant et plein de suie. Le bec normal est un bec à 1 pied cube, ayant une ouverture à fente, haute de 1,75 et large de 0,1 mm. De plus grands becs, de $1\frac{1}{4}$ ou de $1\frac{1}{2}$ pied cube, ne sont bons qu'à l'éclairage pour les reverbères. Veut-on produire une flamme pour l'éclairage dans les bâtiments, on se sert avec succès d'un bec d'Argand de 32°, dont les ouvertures ont un diamètre de 0,3 mm. Le plus petit bec applicable est celui de $\frac{1}{2}$ pied cube et le bec à 1 trou.

En employant le gaz d'huile on est obligé de suivre des règles très-certaines quant à la grandeur des becs qu'on choisit.

Les becs de $\frac{1}{2}$, de $1\frac{1}{4}$ et de $1\frac{1}{2}$ pieds cubes produisent une force d'éclairage, relativement plus petite que ceux de $\frac{3}{4}$ et de 1 pied cube.

Les becs à 2 trous sont également propres à être employés pour le gaz d'huile et l'on fera bien de s'en servir quand la poussière ou autres substances volatiles bouchent les ouvertures des becs. Les becs à 2 trous se purifient toujours d'eux-mêmes par la pression du gaz. La petitesse de la flamme et sa lumière blanche et agréable qui n'éblouit jamais, rend les becs sans verres à lampes applicables à l'éclairage de tout travail; et ce n'est que quand on voudra concentrer la lumière sur un endroit tout déterminé qu'on emploiera un bec d'Argand et un écran. Les flammes exposées au courant d'air sont abritées par des globes hauts en forme de calice. La flamme du gaz d'huile est très-sensible au courant; elle s'éteint très-facilement quand on l'y expose; par cette raison on ne se sert que de lanternes dont les carreaux sont établis dans des coulisses, et dont le toit seulement est muni de quelques ventouses; du moment que la flamme vacille, elle produit de la suie.

Le gaz d'huile pourra s'employer très-avantageusement pour le chauffage, quand on introduit ou mieux encore, quand on y mêle de l'air en quantité suffisante. Pour cet effet on réunit un nombre de becs à tuyaux de BUNSEN, ou l'on mêle le gaz avant la combustion sous la pression d'un réservoir à air; ce même procédé est nécessaire pour la soudure, si l'on n'aime pas mieux employer un simple soufflet. Au contrôle et au renseignement sur la consommation servent des compteurs tels qu'on emploie pour le gaz carbone. En choisissant le compteur l'on prendra pour le gaz d'huile des compteurs quatre fois plus petits, qu'un nombre égal de becs pour le gaz carbone rend nécessaires; de sorte qu'un compteur à 60 becs est égal à un compteur à gaz carbone de 15 becs. Il sera encore plus sûr de commander des compteurs d'après la capacité de leurs tambours, selon laquelle on pourra juger du passage par heure. Il faudra que le compteur soit à l'abri du froid, de l'humidité et des secousses; l'emboîtement par une cage en bois sera le plus pratique.

APPAREILS A MÊLER LE GAZ.

Le gaz d'huile se laisse facilement mêler à d'autres sortes de gaz et pourra avantageusement s'employer pour améliorer des gaz d'éclairage d'une valeur inférieure. Pour cet effet on produira le gaz d'huile ensemble avec le gaz carbone dans les cornues à gaz carbone; l'on introduit alors un jet mince d'huile dans la cornue à gaz carbone, ou bien l'on produit les deux espèces de gaz dans des cornues particulières, puis on les mêle dans le récipient. De la même manière on pourra transformer du suint au gaz d'huile.

TRANSFORMATION D'ÉTABLISSEMENTS A GAZ CARBONE.

En transformant une fabrique à gaz carbone, qui existe déjà, en une fabrique à gaz d'huile, on n'aura besoin que d'autres cornues à gaz d'huile, à moins que lesdites fabriques ne soient d'une construction trop hors d'usage et par là trop insuffisante. Les rapports de pression devront être réglés et rendus propres à la fabrication de gaz d'huile; mais avant tout il faudra procéder à une purification très-étendue de toute la fabrique, des appareils, des tuyaux, des gazomètres, du conduit souterrain; parce que les goudrons du gaz d'huile ont cela de singulier que de résoudre les masses de condensation du gaz carbone desséchées, de sorte qu'alors des engorgements continuels dérangeraient la fabrication.

ÉCLAIRAGE DES TRAINS DE CHEMINS DE FER PAR LE GAZ D'HUILE.

En Allemagne c'était PINTSCH qui le premier employait le gaz d'huile pour éclairer les trains de chemins de fer. Le gaz se fabrique de la manière que nous avons décrite auparavant ; à l'exception qu'on le rafraîchit encore et qu'on le comprime après dans de grandes chaudières par une machine à pompe. Par ces chaudières devant être placées tout près des rails d'arrangement, sont alimentées de petites chaudières en tôle d'acier attachées au-dessous de chaque waggon, dans lesquelles le gaz se conserve étant réduit à la pression de 8 atmosphères et davantage. Un régulateur de pression particulier est combiné avec la chaudière (récipient de consommation), et moyennant un conduit les becs au plafond à l'intérieur des waggons sont alimentés par ledit régulateur. Cet arrangement a prouvé pratique au point que l'introduction universelle de l'éclairage des waggons par le gaz d'huile ne sera qu'une question de temps. Ce n'est que le gaz d'huile qui est propre pour ce but à cause de sa grande force d'éclairage et de ses qualités excellentes : de ne pas se condenser sous une haute pression et par un froid considérable.

ESTIMATION DE LA FORCE D'ÉCLAIRAGE DU GAZ D'HUILE.

Cette recherche se fait comme au gaz carbone par le photomètre, et c'est le bec Papillon en stéatite de 1 pied cube et le bec en stéatite par Argand qui servent de becs normaux, et la bougie de la Société des techniciens en gaz qui sert de bougie normale. Tandis qu'au photomètre c'est l'œil qui fait les notes et que par conséquent des résultats absolument exacts et reconnus partout pour tels ne pourront s'obtenir qu'avec beaucoup de difficulté, on se sert maintenant du compteur à photomètre, et cela avec plus de sûreté ; mais il n'est applicable qu'au becs d'Argand.

CALCULS DE COMPARAISON.

Une fabrique à la campagne, au voisinage de Leipzic voudra établir l'éclairage par le gaz d'huile ; il lui faut 200 becs et jusqu'alors elle employait l'éclairage par le pétrole. La consommation en pétrole se rapportait à :

200 lampes à 700 heures d'éclairage à 15,1 g de consommation
$$200 \times 700 \times 15,1 = 2114 \text{ à } 50 \text{ frcs.} \ldots \ldots \ldots \ldots \ldots \text{ frcs. } 1057,00$$
Pour mèches, verres à lampes, frais d'entretien et de raccommodages et
intérêts par an . . . . „ 250,00
                                                            frcs. 1307,00

Un bec à pétrole d'une consommation de 15,1 g par heure produit la force d'éclairage de 3,2 bougies normales ; l'effet de la lumière desdites 200 lampes sera par conséquent de 640 bougies normales ; pour leur développement suffiront

53 becs à gaz d'huile à 28 l de consommation par heure

53 „ „ „ carbone à 105 l „ „ „ „

Pour mieux répandre cependant la lumière, on établirait un plus grand nombre de becs à gaz d'une force d'éclairage et d'une consommation plus petites.

Avec le gaz d'huile on aura besoin de 700 heures à 28 l $\times$ 53 becs = 1038 m.-c.

„ „ „ carbone „ „ „ „ 700 „ à 150 l $\times$ 53 „ = 5565 „

En tirant lesdits 1038 m.-c. de gaz d'huile d'une fabrique à gaz publique, par exemple de celle de Weissenfels, on les paierait (1038 m.-c. à 8,75 cent.) . . . . frcs. 908,95

l'entrêtien et les intérêts du conduit avec les accessoires cependant environ 1875 frcs. de

capital pour l'établissement à 8% . . . . „ 150,00

frcs. 1058,95

Le gaz carbone d'une fabrique à gaz publique coûterait (5565 m.-c. à 25 cent. le mètre-cube) frcs. 1391,25

Entretien et intérêts comme ci-dessus . . . . „ 150,00

frcs. 1541,25

Ladite fabrique se décidant à établir une fabrique à gaz, aura besoin d'un capital d'établissement d'environ 4375 frcs.

Dans ce cas les frais d'éclairage seront comme suit:

1038 m.-c. exigeraient (50 kg de bon matériel produisant à peu près

27,5 m.-c. de gaz),

$\div$ 2,2 „ „ = 8%

de perte en huile et en gaz et en manque d'exploitation, c'est-à-dire 25,3 m.-c. pour 50 kg de produit effectif.

2050 kg de gaz d'huile à 10 frcs. pour 50 kg . . . . frcs. 410,00

Frais pour 2050 kg d'huile de Halle à Leipzic et par axe

50 kg à 75 cent. le kilo = frcs. 30,75.

Remise de tonnage, fournie franco:

1 barrique contient à peu pres 150 kg — 14 barriques à 3,25 frcs.

= frcs. 43,75.

Par conséquent les frais sont couverts par la remise.

Pour le chauffage d'en bas environ 2500 kg, à 1,75 cent. par kg . . . . . . „ 43,75

300 heures de travail à 31,15 cent. par heure . . . . „ 93,75

Frais d'entretien, tous les 3 ans 2 cornues, les renovations — par an . . . „ 75,00

8% d'intérêts et amortisation de 4375 frcs. . . . . „ 350,00

Frais annuels de l'éclairage par le gaz d'huile de . . frcs. 972,50

Les frais d'établissement d'une fabrique à gaz carbone seront de 6250 frcs. environ; l'éclairage à gaz carbone cependant de fabrique en propre se rapporteraient à:

5565 m.-c. demandant (déduction faite de 8% de perte, comme noté ci-dessus, 12 m.-c. de produit de gaz calculés sur 50 kg de bon charbon)

23200 kg de charbon à 0,2 cent. le kilo . . . . frcs. 464,00

ca. 1300 heures de travail à 31,25 cent. l'heure . . . . „ 406,25

Frais d'entretien, tous les 3 ans 2 cornues en fonte et renovation . . . . . „ 175,00

8% d'intérêts et amortisation . . . . „ 500,00

Pour la purification environ . . . . „ 62,50

Total, frcs. 1607,75

                                                                    frcs. 1607,75

Environ 2000 kg de surplus à 3,75 cent. le kilo (parce que la fabriatcion n'en
    est pas permanente, et qu'en chauffant les cornues tous les jours à nouveau,
    la production de coke est peu considérable) . . . . „   75,00

           Frais annuels de l'éclairage par le gaz carbone . . frcs. 1532,75

D'après les calculs précédents les frais sont pour

l'éclairage par le pétrole . . . . frcs. 1307,00
  „   „ „ gaz d'huile de fabrique publique . . . . „ 1058,95
  „   „ „ „   „ de fabrique en propre . . . . „   972,50
  „   „ „ „ carbone de fabrique publique . . . . „ 1532,75
  „   „ „ „   „ de fabrique en propre . . . . „ 1541,25

L'éclairage par le gaz d'huile est par conséquent meilleur marché à tous les égards. Il est vrai que
dans le cas précédent on ira améliorer l'éclairage par l'emploi du gaz; alors les frais d'éclairage par
le gaz augmenteront en réalité; toutefois l'éclairage par le gaz d'huile n'en deviendra plus cher
qu'autant que les valeurs d'éclairage augmenteront; c'est-à-dire ce n'est qu'une production plus haute
qu'on paiera relativement plus chère. Or, le gaz d'huile, quant au travail et au chauffage, fait déjà
tant dans des proportions si petites et à une consommation de gaz si minime (puisque les intérêts
et l'amortisation coûtent à peu près autant que les dépenses pour le matériel brut à production de
gaz); au plus haut degré le prix modéré de l'éclairage par le gaz d'huile saute aux yeux à une consommation de gaz plus étendue; par exemple:

Une fabrique de papier en Lusace, nuit et jour en activité, a besoin de 350 becs et employait
jusqu'alors l'huile photogêne, dont 15 g développaient la force d'éclairage de 2,8 bougies normales. Des
350 lampes employées brûlaient

          250 — 800 heures par an,
          100 — 3500   „   „   „

par conséquent en total d'heures d'éclairage:

      550000 à 15 g = 8250 kg ou bien 1540000 bougies normales.

Lesdits 8250 kg d'huile photogêne coûtent, à 3,75 cent. le kilo . . . . . . frcs. 3093,75
Pour verres à lampes, mèches, entretien et intérêts . . . . „   500,00

          Frais annuels d'éclairage par l'huile photogêne de . frcs. 3593.75

Pour la production d'une quantité égale de lumière il faut 3637 m.-c. de gaz d'huile, dont la production dans une fabrique en propre coûterait:

7150 kg à 0,20 frcs. le kilo . . . . frcs. 1430,00
7500 kg de houille à 87,50 cent. pour 50 kg . . . . „   131,25
500 heures de travail à 31,25 cent. l'heure . . . . „   156,25
Frais d'entretien annuels . . . . „   125,00
8% d'intérêts et amortisation de 10625 frcs. de capital d'établissement . . . „   850,00

          Frais annuels d'éclairage par le gaz d'huile de . . frcs. 2692,50

Tirés d'une fabrique publique, lesdits 3637 m.-c. de gaz d'huile coûtent, à
    87,5 cent. le mètre-cube . . . . frcs. 3182,35
Entretien, intérêts et amortisation pour le conduit de 4275 frcs. environ à 8% „   350,00

          Frais annuels d'éclairage par le gaz d'huile de . . frcs. 3532,35

Le gaz carbone de houille tiré pour le même effet d'une fabrique publique, coûterait,
    19618 m.-c. à 25 cent. le mètre-cube . . . . frcs. 4904,50
Entretien et intérêts du conduit comme auparavant . . . . „   350,00

          Frais annuels d'éclairage par le gaz carbone de houille de . . frcs. 5254,50

A la production en propre du gaz carbone :

81750 kg à 1 frc. pour 50 kg . . . . frcs. 1635,00

Gages : 1 ouvrier à gaz pour 9 mois ⎱
      1 substitut „   „   3 „   ⎰ . . . . „ 1125,00

Frais d'entretien (1 cornue en pierre réfractaire par an) et renovation . . . . „ 250,00

8% d'intérêts et amortisation du capital d'établissement de 13750 frcs. . . . . „ 1100,00

Pour la purification du gaz environ . . . . „ 150,00

                                               frcs. 4260,00

7000 kg de gagnés sur le coke à 1,87 frcs. pour 50 kg . . . . „ 262,50

             Frais annuels d'éclairage par le gaz carbone . . frcs. 3997,50

D'après le calcul précédent le prix est de

Éclairage par l'huile solaire (Photogène) . . . . frcs. 3593,75

  „   „ le gaz d'huile de fabrique en propre . . . . „ 2692,50

  „   „   „   „ d'une fabrique publique . . . . „ 3532,38

  „   „   „ carbone d'une fabrique publique . . . . „ 5254,50

  „   „   „   „ de fabrique en propre . . . . „ 3997,50

Quant à la rentabilité d'une fabrique à gaz d'huile dans une ville, en voici le compte annuel de la fabrique à Weissenfels, datant de 1875 à 1876 :

La consommation de gaz était de 72534,12 m.-c. à 87,5 cent. le mètre-cube . frcs. 63467,30

La production de goudron était de 61558,50 kg, barrique inclue à 1,88 cent. le kilo „ 2309,32

La vente des barriques rapportait . . . . „ 3706,25

                            Total de la recette . . frcs. 69482,87

Les frais annuels de la production pour

179352,5 kg d'huile parafine et de créosote, de . . . . frcs. 24557,27

Chauffage en dessous 690000 kg de houille . . . . „ 5382,68

                                      frcs. 29939,95

Frais d'exploitation, renovation, raccommodages, octrois, assurances, de . . . frcs. 5006,73

Intérêts . . . . „ 8463,29

Amortisation . . . . „ 4050,00

Gages, ci-inclu de 1 contre-maître . . . . „ 4329,65

                                      frcs. 21849,65

                                      + 29939,95

                                      frcs. 51789,60

               frcs. 69482,87

           profit net de   — 51789,60

          par conséquent net frcs. 17693,27 de gagnés.

Le capital d'établissement était de . . . frcs. 146737,50

Le produit pour 50 kg d'huile de . . . . 20,30 m.-c.

La perte était d'environ 16% . . . . 3,24 „

          pour 50 kg de produit réel . . 23,54 m.-c.

Les huiles de créosote mêlées aux huiles à gaz diminuent par beaucoup le produit; des huiles pareilles donnent ½ à ⅓ d'huile de moins et plus faible pour l'éclairage. La force d'éclairage pour 28 l était de 13 à 13,5 bougies normales, c'est-à-dire, une valeur d'éclairage 5 à 6 fois plus forte que celle du gaz carbone.

Les frais de production du gaz carbone dans des villes d'une situation et d'une importance industrielle égales à celle de Weissenfels, étaient selon les tables statistiques de la Société des Techniciens en Gaz des provinces de Prusse, de Poméranie etc., de 15 à 22,5 cent. par mètre cube; en prenant une moyenne de 20 cent. il résulte que, tandis qu'à Weissenfels 1 m.-c. de gaz d'huile demandait environ 72,5 cent. de frais de production; que 5 m.-c. du meilleur gaz carbone qui a une valeur égale à celle du gaz d'huile, coûtaient 1 frc.; de sorte que les frais de production du gaz d'huile étaient de 38% moins grands. Concernant le prix de vente, le prix d'un mètre-cube de gaz d'huile de 87,5 cent., correspond au prix de 17,5 cent. pour le mètre-cube de gaz carbone. L'on vendait donc à Weissenfels le gaz en moyenne 10 à 15% meilleur marché que sa production dans d'autres villes ne coûtait analoguement à Weissenfels ou, ce qui veut dire la même chose, quand dans d'autres villes l'on payait le gaz carbone 25 cent. le mètre-cube, l'éclairage par le gaz d'huile à Weissenfels était de 40% meilleur marché. Il est vrai cependant que Weissenfels se trouve heureusement placé au milieu de l'industrie en huiles minérales de Thuringe; mais ce sont purement les frais de transport qui en dépendent, lesquels dans une autre ville d'une situation moins favorable pour ladite industrie, se compenseraient par un prix de gaz plus haut. En somme, on pourrait avancer sans prétention, pour sûr que l'éclairage par le gaz d'huile est l'éclairage le moins coûteux. Comme nous l'avons démontré plus haut, l'éclairage par le gaz d'huile pour l'emploi particulier est meilleur marché de

50% que le gaz carbone d'une fabrique en propre
100% „ „ „ d'une fabrique publique.

Les fabriques qui auparavant possédoient l'éclairage par le gaz carbone, pourront l'affirmer sous tous les rapports. Ce n'est qu'en cas que la consommation en gaz serait très-considérable et que les produits accessoires de la fabrication de gaz carbone formeraient des articles très-lucratifs, que le compte pour le gaz d'huile est moins favorable.

RÈGLEMENT POUR L'EXPLOITATION.

1° Purification du gril, de la cornue, de la plaque à insertion, du manchon retiré, du tuyau de sortie avant le commencement du chauffage; puis mettre le manchon, l'enduire de terre argileuse, pour qu'il ne se fixe pas à la cornue par l'action du feu. Mettre de la terre argileuse bien pétrie sur les fentes des fermetures, ne pas serrer trop fort les archets. Fixer bien fermement la plaque à insertion au dôme de devant de la cornue. Chauffer un peu le matériel de production avant la fabrication et le tenir liquide. Remplir d'eau le récipient et le laveur. Vider par la pompe les siphons du réservoir à gaz. Tendre les filets pour les gaz sur le filtre au tuyau d'arrivée d'huile.

2° Commencer à chauffer lentement et faire entrer souvent un peu de charbon pour entretenir le feu.

3° Commencement de transformation seulement quand la cornue est couleur de cerise (chemise de la cornue verticale orangé clair), ouvrir d'abord le maître-robinet.

4° Entretenir la cornue à chaleur égale. Régler l'arrivée de l'huile de manière que la pression sur le manomètre ne monte pas au-delà de 10 cm et que le robinet d'essai fasse sortir de la vapeur blanche bleuâtre.

Quand du robinet d'essai sort une vapeur rouge-brune, la cornue est trop chaude ou l'arrivée de l'huile trop faible; alors le gaz se consume dans la cornue; s'il en sort une vapeur en flocons et blanche comme du lait, la cornue n'a pas assez de chaleur ou l'arrivée de l'huile est trop forte : alors trop de goudron.

5⁰ En cas de dérangements fermer l'arrivée et le maître-robinet, ouvrir le robinet d'essai, rechercher s'il s'est fait un engorgement ou si le réservoir à gaz se serre.

6⁰ En cas d'incendie remplir d'eau par le tuyau à pompe les siphons du réservoir à gaz.

7⁰ Ne remplir le réservoir à gaz qu'autant qu'il s'enfonce encore de 12 cm ; quand il fait du soleil cependant de 20 cm.

8⁰ Remplir l'appareil à purification à la hauteur de la main, de masse de Laming, sur deux claies ; renouveler à besoin la masse (quand elle se serait noircie).

9⁰ Remplir la scrubber de morceaux de coke de la grosseur d'un poing, les renouveler tous les 2 mois.

10⁰ Goudronner annuellement le réservoir à gaz.

11⁰ N'entrer jamais dans l'espace à purification avec une chandelle ou une pipe (un cigarre) ; n'éclairer que par dehors.

12⁰ N'éclairer jamais les endroits aux appareils, au réservoir ou aux tuyaux, suspects quant à leur densité ; mais les essayer par un pinceau trempé dans de l'eau savonneuse ; les endroits sans densité font pousser des bulles.

13⁰ Après avoir fini la fabrication — fermer l'arrivée — achever la production du gaz, jusqu'à ce que la pression sur le manomètre reste immobile ; alors fermer le maître-robinet, ouvrir le robinet d'essai. Laisser les cornues se rafraîchir tout à fait ; alors seulement ouvrir et purifier Tous les 8 jours ouvrir les cornues quand elles sont ardentes, les laisser achever de brûler et le gaz se consumer.

14⁰ Conserver dans des bassins ou dans des barriques recouverts de terre les matériaux à production.

15⁰ La masse à purification par Laming. L'on n'éteint de la chaux qu'avec autant d'eau qu'il faut pour qu'elle devienne une masse poudreuse pulvérulente ; puis criblant de la sciure, 0,5 de kilos à peu près ou moins, sur un poids égal de chaux, l'on délaie sur 0,5 de kilos de chaux toujours 0,5 de kilos de vitriol vert dans de l'eau. La chaux bien pétrie avec la sciure, l'on verse sur cette mixture le délayant de vitriol vert, en mêlant tout cela bien de nouveau. De cette manière l'on continue jusqu'à ce qu'on obtienne la masse voulue ; après quoi on la fera sécher à l'air. 24 heures après la décomposition se sera faite et alors la masse devenue brune pourra être employée. Aussitôt que la masse à purification est devenue noire au purificateur, il faudra la renouveler, mais elle pourra bien être employée à plusieurs reprises. Quand on l'expose quelques jours à l'air, la masse se régénère.

www.ingramcontent.com/pod-product-compliance
Lightning Source LLC
Chambersburg PA
CBHW081431190326
41458CB00020B/6170